ANGEWANDTE PFLANZENSOZIOLOGIE

VERÖFFENTLICHUNGEN DES
INSTITUTES FÜR ANGEWANDTE PFLANZENSOZIOLOGIE
AUSSENSTELLE DER
FORSTLICHEN BUNDESVERSUCHSANSTALT MARIABRUNN

HERAUSGEBER

UNIV.-PROF. DR. **ERWIN AICHINGER**

HEFT XVII

GESELLSCHAFTSANSCHLUSS DER LÄRCHE UND GRUNDLAGEN
IHRER NATÜRLICHEN VERBREITUNG IN DEN OSTALPEN
VON PRIVATDOZENT DR. HANNES MAYER

DER *POLYLEPIS*-WALD IN DEN VENEZOLANISCHEN ANDEN,
EINE PARALLELE ZUM MITTELEUROPÄISCHEN LATSCHENWALD
VON UNIV.-PROF. DR. KURT HUECK

WIEN
SPRINGER-VERLAG
1962

Schriftleiter:

Univ.-Prof. Dr. Erwin Janchen

Alle Rechte vorbehalten

ISBN 978-3-211-80602-9   ISBN 978-3-7091-5545-5 (eBook)
DOI 10.1007/978-3-7091-5545-5

Vorwort

Die Herausgabe der international eingeführten Zeitschrift „Angewandte Pflanzensoziologie" wurde leider unterbrochen, weil die Organisation des Institutes für Angewandte Pflanzensoziologie verwaltungstechnisch geändert werden mußte. Das Institut, welches bis zum Jahre 1957 dem Verwaltungsbereiche des Landes Kärnten angehörte, wurde in den Verwaltungsbereich des Bundes übergeführt und als Außenstelle der schon seit vielen Jahrzehnten bestehenden Forstlichen Bundesversuchsanstalt Mariabrunn angeschlossen. Diese Änderung ergab sich aus der Erkenntnis, daß die Arbeiten eines solchen Institutes nicht nur einem Bundeslande, sondern ganz Österreich zugute kommen sollten.

Die Übernahme durch den Bund wurde besonders von Herrn Bundesminister für Land- und Forstwirtschaft Dipl.-Ing. Franz H a r t m a n n gefördert. Für seine großzügige Hilfe und wohlwollende Betreuung gilt ihm mein besonderer Dank.

Dem Lande Kärnten, vor allem dem Herrn Landeshauptmann Ferdinand W e d e n i g und den Mitgliedern der Kärntner Landesregierung, möchte ich an dieser Stelle für die bisher gewährte Förderung danken.

Zu danken habe ich auch Herrn Ministerialrat Dipl.-Ing. Dr. phil. Hubert D ü r r im Bundesministerium für Land- und Forstwirtschaft für seinen tatkräftigen Einsatz um die Fortführung der Schriftenreihe „Angewandte Pflanzensoziologie".

Gedankt sei nicht zuletzt den beiden Autoren, o. Univ.-Prof. Dr. Kurt H u e c k, München, und Univ.-Dozent Forstmeister Dr. Hannes M a y e r, München, welche durch ihre wertvollen Beiträge die Schriftenreihe bereichert haben und seit langem als korrespondierende Mitglieder dem Institut verbunden sind.

Der Herausgeber

Inhalt

Seite

Gesellschaftsanschluß der Lärche und Grundlagen ihrer natürlichen Verbreitung in den Ostalpen

Von Hannes M a y e r

(Veröffentlichung aus dem Waldbau-Institut
der Forstlichen Forschungsanstalt München)

(Mit 16 Textbildern und 2 Tabellen)

E i n l e i t u n g

Fur weitgehende Hilfe beim Ausarbeiten der Studie als Assistent am Institut für Waldbau der Forstlichen Forschungsanstalt München danke ich ergebenst Herrn Prof. Dr. Dr. Dr. h. c. J. N. K ö s t l e r. Dem Bundesministerium für Ernährung, Landwirtschaft und Forsten ist für die Gewährung einer Sachbeihilfe (ERP-Mittel) zu danken. Für manche Hinweise bin ich den Herren Professoren E. A i c h i n g e r (Klagenfurt), H. L e i b u n d g u t (Zürich), E. R o h m e d e r (München), R. S c h o b e r (Göttingen) und L. T s c h e r m a k (Wien) zu Dank verpflichtet. Den örtlichen Betriebsleitern bayerischer, österreichischer, italienischer sowie schweizerischer Forstverwaltungen gilt mein besonderer Dank für bereitwillige Führung und offene Diskussion mancher Fragen, ebenso meiner Frau Ruth für Beihilfe bei den Außenaufnahmen.

Ausgangspunkt dieser Arbeit waren die grundlegenden Untersuchungen über die natürliche Verbreitung der Lärche in den Ostalpen von Leo T s c h e r m a k (1935), der vor allem die Rolle des Klimafaktors (insbesondere der thermischen Kontinentalität) ausführlich behandelt hat. Bei einer umfassenden waldbaulichen Beurteilung zeigt sich, daß eine ganze Reihe von Faktoren und Faktorengruppen in vielfältiger Bezogenheit zu berücksichtigen sind. Die Untersuchung der Lärchenverbreitung auf soziologischer Grundlage kommt der wünschenswerten komplexen Betrachtungsweise relativ nahe. Gleichzeitig kann dann auf vergleichbarer Grundlage der Bedeutung, Amplitude und Interferenzwirkung einzelner Faktoren nachgegangen werden.

E r l ä u t e r u n g e n   e i n i g e r   B e g r i f f e (vgl. K u o c h 1954)

H ö h e n s t u f e: Innerhalb eines Alpengebietes ist sie besser charakterisiert durch das Vorkommen von bestimmten Waldgesellschaften als durch die Angabe schematischer Höhengrenzen.

S u b m o n t a n — k o l l i n: Buche (Eiche) herrschend, vorwiegend Laubmischwälder; Fichte und Tanne fehlend bzw. sporadisch vorhanden.

M o n t a n: Buche — Tanne — Fichte bauen die wichtigsten Waldgesellschaften auf; in den Innenalpen Fichte dominant, Wälder dieser Höhenstufe aber ohne subalpinen Charakter.

T i e f s u b a l p i n · Hauptvorkommen des natürlichen Fichtenwaldes.

H o c h s u b a l p i n : Gebiet der natürlichen Lärchen-Zirbenwälder, in den Voralpen meist durch Latschenbestockungen oder eine waldfreie Höhenstufe ersetzt.

K l i m a x g e s e l l s c h a f t (Schlußgesellschaft) : Waldgesellschaft in einer bestimmten Höhenstufe, die durch Fehlen lokalklimatischer oder edaphischer Extreme die klimatische Gesamtwirkung am besten widerspiegelt, da sie unter normalen Bedingungen weitgehend einen Gleichgewichtszustand erreicht hat. Die Bezeichnungen sind lokal gültig. Eine Ansprache ist nur in Gebieten mit großer Reliefenergie und rascher Aufeinanderfolge von verschiedenen Höhenstufen wichtig.

D a u e r g e s e l l s c h a f t : Waldgesellschaft in einer Höhenstufe, die durch lokalklimatische oder edaphische Extreme den Gleichgewichtszustand der Vegetation auf Normalstandorten nicht erreichen kann.

W a l d : Die vorherrschende Baumart wurde bei der Benennung in der Regel mit der Nachsilbe -wald versehen; z. B. Fichten-Tannenwald, Tanne im Durchschnitt vorherrschend: Tannen-Fichtenwald, Waldgesellschaft mit vorherrschender Fichte.

V o r a l p e n — R a n d a l p e n : Abweichend von geographischen (morphologisch bedingten) Einteilungen werden darunter Gebiete der Alpen verstanden, in denen montan vitale, buchenreiche Mischwälder vorherrschen.

Z w i s c h e n a l p e n : Alpengebiete mit tannenreichen Mischwäldern in der montanen Stufe; Buche fehlt bereits bzw. ist wenig vital vorhanden.

I n n e n a l p e n : Zentrale Alpengebiete größerer Abgeschlossenheit, in denen Fichtenwälder ohne subalpinen Charakter in der montanen Stufe herrschen, wobei Tanne reliktisch und fragmentarisch noch vorkommen kann.

1. Der Gesellschaftsanschluß der Lärche im Ost—Westalpen-Übergangsgebiet der Schweiz (Abb. 1)

Einzelheiten über Standort, Struktur, Dynamik und waldbauliche Bedeutung siehe K u o c h 1954, B r a u n - B l a n q u e t - P a l l m a n - B a c h 1954, C a m p e l l - K u o c h - R i c h a r d - T r e p p 1955, H e s s 1942 u. a.

a) Alpen-Nordseite — Voralpen

Kolline Stufe

Die Lärche kommt in allen Klimax- und Dauergesellschaften des Mittellandes, so auch im Eichen-Hainbuchenwald (E t t e r 1943, 1947) nicht natürlich vor.

Untere Montanstufe

Lärche fehlt in allen Klimax- und klimaxnahen Gesellschaften, im Echten Buchenwald, Seggen-Buchenwald, Geißbart-Ahornwald, Ahorn-Eschenwald sowie in Dauergesellschaften der Naßböden, wie Bacheschenwald, Schwarzerlenbruch, Hochmoorbestockungen und auf steinigen trockenen Standorten, wie im Zwergseggen-Föhrenwald, Blaugras-Buchenwald und im Lindenmischwald (T r e p p 1947).

Obere Montanstufe

Die Lärche trifft man nicht an in denjenigen Subassoziationen der wichtigsten Klimaxgesellschaften (Tannen-Buchenwald, Echter Buchenwald), die auf flachen Hängen mit ausgeglichenen Bodenverhältnissen stocken. Im klimaxnahen Eibensteilhangwald auf tonreichen Böden siedelt die Lärche ebenfalls nicht. Sporadisch (zufällig) ist sie zu finden in den schroffen Steilhangstandorten des Geißbart-Ahornwaldes, im Schachtelhalm-Tannenwald, im Plateau-Tannenwald und in den Dauergesellschaften: Hirschzungen-Ahornwald und Torfmoos-Fichtenwald. Auf jüngeren Sturzböden innerhalb des Block-Fichtenwaldes tritt die Lärche selten mit geringer Menge auf.

Untere subalpine Stufe

Im Ahorn-Buchenwald ist die Lärche nicht vertreten. In der am wenigsten hygrophilen Untergesellschaft des Hochstauden-Tannenwaldes mit *Prenanthes purpurea* auf besser durchlüfteten Böden ist sie selten eingesprengt, in den Zwischenalpen dagegen häufiger. Die Lärche fehlt im subalpinen Fichtenwald (der Außenketten) mit *Sphagnum* und *Blechnum*, ebenso im Bergföhren-Moorwald.

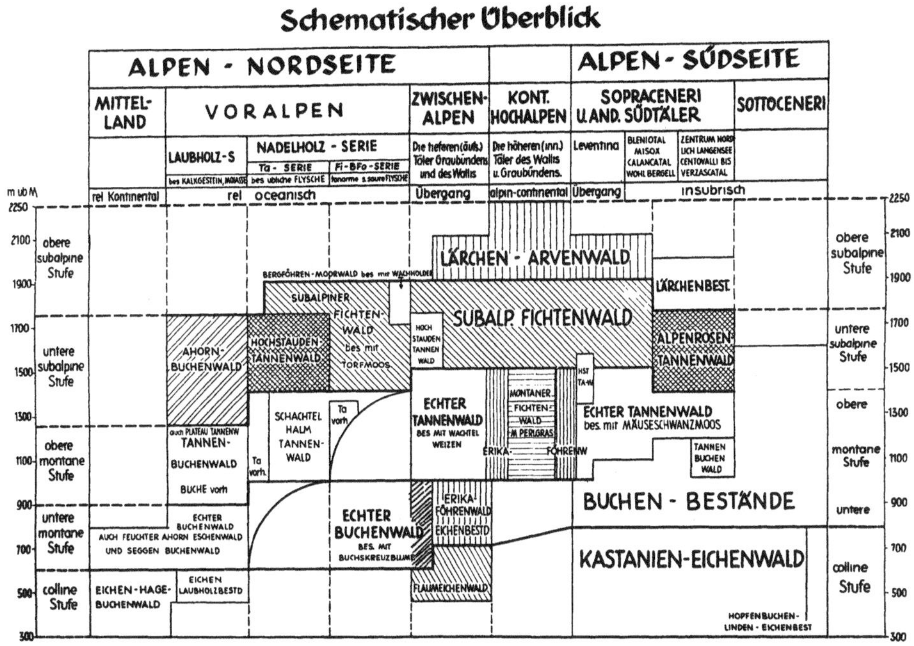

Schematischer Überblick

ALPEN - NORDSEITE				ALPEN - SÜDSEITE	
MITTEL-LAND	VORALPEN	ZWISCHEN-ALPEN	KONT. HOCHALPEN	SOPRACENERI U. AND. SÜDTÄLER	SOTTOCENERI

Nach KUOCH R. 1954: Bergwälder und Baumartenwahl, Schweiz. Zeitschrift für Forstwesen.

Abb. 1. Klimax- und klimaxnahe Wälder der Schweiz (aus K u o c h 1954).

In Laub- und Nadelwaldklimaxgesellschaften der Schweizerischen Voralpen ist die Lärche nicht verbreitet. Ihr seltenes Auftreten in klimaxnahen und Dauergesellschaften ist mehr zufälliger Natur und waldbaulich ohne Bedeutung.

b) Innenalpen (einschließlich nördliche und südliche Zwischenalpen)

Kolline Stufe

In den nördlichen Zwischenalpen, einem ozeanisch-kontinentalen Übergangsgebiet, kommt die Lärche im Flaumeichenwald der kollinen Stufe nicht vor, nur vereinzelt im Linden-Traubeneichenwald. Mit reduzierter Vitalität tritt sie im *Astragalus*-Föhrenwald und im Ononido-Pinetum (H e u e r 1949) auf.

Untere montane Stufe

Die Lärche ist selten beigemischt im Echten Buchenwald mit *Polygala chamaebuxus*, der thermophilsten klimaxnahen Subassoziation mit Verwandtschaft zum Seggen-Buchenwald (auf Steilhängen), reichlicher vorhanden in föhrenreichen Entwicklungsphasen mit geringwüchsiger Buche. Bei starkem anthropogenem Einfluß kann sie im Weißseggen-(Tannen-)Buchenwald mit *Luzula nivea* vorübergehend das Bestandsgefüge bestimmen.

Sowohl in der unteren als auch in der oberen montanen Stufe sind Pionier- oder Dauergesellschaften der Schneeheide-Waldföhrenwälder verbreitet, z. T. mit *Juniperus sabina*. In der trocken-heißen, feinerdearmen, submediterranen Untergesellschaft mit *Peucedanum oreoselinum* fehlt die Lärche; in eine moosreiche Variante dringt sie nur krüppelig ein Günstigeren Wuchs zeigt sie in der Untergesellschaft mit *Carex alba* auf weniger steilen, feinerdereichen Standorten. In der relativ frischen, moosreichen (hylocomietosum) Untergesellschaft tritt die Lärche häufiger, wenn auch mit geringen Mengen auf, z. B. auf feuchterem Gehängeschutt (H e u e r 1949).

O b e r e m o n t a n e S t u f e

Eingesprengt ist die Lärche im Echten Tannenwald mit Wachtelweizen bei der *Carex alba/digitata* Kalk- und auch in der *Saxifraga cuneifolia*-Silikat-Variante. In den hygrophilen und wuchskräftigen Untergesellschaften des Tannenwaldes mit *Festuca* und *Elymus* ist ihr Vorkommen ohne Bedeutung. Mit wechselnder. im Durchschnitt aber geringer Menge ist die Lärche im montanen Fichtenwald (mit Perlgras) des inneralpinen niederschlagsarmen Gebietes vertreten. Zur wenig wüchsigen Fichte gesellt sich die Waldföhre. Die Untergesellschaft mit Labkraut (Piceetum montanum galietosum) im mäßig feuchten Gebiet mit wüchsiger Fichte beherbergt nur ausnahmsweise einzelne Lärchen. Sekundär ist heute das Piceetum montanum melicetosum vielfach in reine Lärchenwälder umgewandelt. Anthropogen entstanden sind die reinen Lärchenbestände auf flachgründigen, sonnseitigen Steilhängen, die in Kontakt stehen mit den Trockenrasengesellschaften des Stipeto-Poion xerophilae (B r a u n - B l a n q u e t -T ü x e n 1943, K i e l h a u s e r 1954), in denen Lärche zusammen mit *Stipa capillata, Melica ciliata* und *Achnatherum calamagrostis (Juniperus sabina)* vorkommt. Die weitere Entwicklung geht zum Föhrenwald. Fichte ist hier nicht konkurrenzfähig.

U n t e r e s u b a l p i n e S t u f e

Die Lärche ist im nur kleinflächig auftretenden Hochstauden-Tannenwald mit Hasenlattich eingesprengt. Von Natur aus ist sie selten im subalpinen Fichtenwald (Klimaxgesellschaft), der in den Innenalpen ± an Schatthänge gebunden ist. Nur initiale Entwicklungsphasen, natürlich oder anthropogen bedingt, sind lärchenreicher. Mit geringer Menge ist sie in der *Linnaea*-Variante luftfeuchter Lagen (Heidelbeer-Untergesellschaft) öfter vertreten, während sie in der *Luzula*-Variante auf schwach geneigten und lange schneebedeckten Standorten fehlt. Zufällig kann man die Lärche in der nur fleckenweise auftretenden *Sphagnum*-Untergesellschaft vernäßter Lagen finden. Für die Preißelbeer-Untergesellschaft warmtrockener Hänge ist in der etwas feuchteren Moos-Flechten-Variante eine meist schwache Vertretung charakteristisch. Die an stark geneigte Hänge oder gut drainierte bis trockene Böden gebundene Lärchen-Variante kann zum Teil als Brand- oder Kahlschlagzeiger gewertet werden. Häufig eingesprengt ist die Lärche im Engadinerföhren-reichen subalpinen Fichtenwald, insbesondere auf stark geneigten Hängen. Die Reitgras-Untergesellschaft *(Calamagrostis villosa)* auf feinerdereichen, wechseltrockenen Böden besitzt trotz der Verjüngungsschwierigkeiten eine größere Anzahl schöner Lärchen. Im Rippenfarn-Fichtenwald niederschlagsreicher Lagen mit vitalen Fichten ist sie dagegen äußerst selten. Regressivstadien des subalpinen Fichtenwaldes nach Kahlschlag, Windwurf, Brand- und Lawinenbeschädigung sind lärchenreicher. Der reine Fichten-Schlußwald ohne Lärchenbeimischung bildet das Endstadium, abgesehen von der Preißelbeer-Untergesellschaft, in der sie sich eingestreut zu erhalten vermag und sogar nachhaltig mitherrschen kann.

In fortgeschrittenen Stadien von Kalk- oder Silikat-Schuttgesellschaften fehlt fast nie die Lärche, die im Laufe der Bestandesentwicklung von der Fichte abgelöst wird.

O b e r e s u b a l p i n e S t u f e

Im Lärchen-Zirbenwald (Schlußwaldgesellschaft), der auf weiten Strecken die obere Waldvegetationszone bildet, kommt Lärche regelmäßig, doch mit sehr unterschiedlicher Menge vor. In der zirbenreichen Untergesellschaft mit mächtiger Rohhumusauflage und üppig entwickelten Zwergsträuchern, dem Endstadium der Vegetationsentwicklung, spielt sie eine untergeordnete Rolle und ist fast ohne Verjüngungsmöglichkeit (A u e r 1947). Varianten mit reichlich Lärche, die hier schon außerhalb des optimalen Vorkommens auftritt, sind in früheren Entwicklungsphasen, an der Waldgrenze, auf jüngeren Böden, trockeneren Standorten und steileren Hängen vorhanden. Der Reitgras-Lärchen-Zirbenwald kommt an warmtrockenen Lagen in offenen, gelichteten Beständen vor. Nach Kahlschlag kann die Lärche

10

sogar rein auftreten. In der Latschen-Alpenrosengesellschaft an besonders ungünstigen Standorten über der Waldgrenze und in der Braunseggen-Alpenrosengesellschaft auf Moorboden fehlt sie.

Bezeichnend, aber waldbaulich ohne Bedeutung ist das Verhalten der Lärche in Zwergstrauchgesellschaften. In der baumfeindlichen Schweizerweidengesellschaft auf ständig durchfeuchtetem Blockschutt über der Waldgrenze fehlt sie. Einzelne krüppelige Lärchen findet man auf den etwas günstigeren Standorten der Krähenbeer-Vaccinienheide, und zwar in der weniger windausgesetzten moosreichen Untergesellschaft. Im zwergwacholderreichen Bärentraubengesträuch natürlich waldfreier Standorte ist die Lärche selten und nur als Krüppelbaum zu finden, während sie im durch starke Beweidung bedingten heidekrautreichen Wacholder-Bärentraubengesträuch als Waldpionier gelten kann. Die Lärche kommt in der Windflechten-Alpenazaleenheide nicht vor.

Aufschlußreich ist weiterhin ihr Anschluß an verschiedene Pionier- und Dauergesellschaften der subalpinen Stufe.

Sehr heiße und steile Südhänge besiedelt der Zwergseggen-Engadinerföhrenwald. Auf den extremen Kalkrohböden der hochsteigenden Bärentrauben-Variante findet man die Lärche nicht. Immerhin dringt sie sporadisch in die Bergspirken-Variante auf flachgründigen Steilhängen ein. Öfter eingesprengt, selten beigemischt kann die Lärche in der Engadinerföhren-Variante auf besseren Böden und in tieferen Lagen vorkommen.

Weniger heiße Standorte nimmt der Schneeheide-Bergspirkenwald (aufrechte Bergföhre) ein. Auf den jungen flachgründigen Böden der Zwergseggen-Untergesellschaft in Südlagen und bei lokalklimatisch oder edaphisch ungünstigen Standorten der Strauchflechten-Untergesellschaft entwickeln sich zufällig auftretende Lärchen nur krüppelhaft. Im moosreichen Schneeheide-Bergspirkenwald größerer Wuchskraft auf mittelgründigen, frischeren Böden ist die Lärche stellenweise reichlicher vorhanden.

Kalte Lagen mit langer Schneebedeckung besiedelt der Alpenrosen-Bergspirkenwald (Steinrosen-Bergföhren-Assoziation), der für die Lärche kaum Lebensbedingungen bietet. Nur in der normalen, moosreichen Ausbildung ist sie vereinzelt beigemischt. Die flechtenreiche Ausbildung an lokalklimatisch ungünstigen Standorten mit langer Schneebedeckung weist nur sporadisch wipfeldürre, schlechtwüchsige Lärchen auf. Am ungünstigsten für den Baumwuchs ist die Netzweiden-Ausbildung auf Schneeböden. Auch in der Bärentrauben-Pioniergesellschaft zwischen Wald- und Baumgrenze fehlt die Lärche.

Von den Zwischenalpen gegen die Innenalpen zu steigt der Lärchenanteil. In Klimax- und klimaxnahen Gesellschaften der oberen montanen und subalpinen Stufe vermag sich die Lärche nicht nachhaltig mit erheblichem Anteil durchzusetzen. Nur in solchen Gesellschaftsausbildungen bleibt sie konkurrenzfähig, bei denen die Klimaxbaumarten in ihrer Vitalität geschwächt sind. Im Inneralpengebiet ist die Lärche auch auf durchschnittlichen Standorten der subalpinen Stufe Pionierbaumart. Sie beweist das im montanen und subalpinen Bereich der Zwischen- und Innenalpen durch ihr Eindringen in Pionier- und Dauergesellschaften, die von Waldföhre, Engadinerföhre, Bergspirke und Latsche gebildet werden. Sie ist aber nur in Untergesellschaften mit weniger extremen Standortsverhältnissen lebenskräftig. Typisch für die Lärche ist, daß sie relativ reichlich in fortgeschrittenen Stadien von Schuttbesiedlungen, in vielen regressiven Stadien höher entwickelter Waldgesellschaften sowie in anthropogen bedingten Ersatzgesellschaften vorkommt. Damit weist sie auf ihre geringe soziologische Bindung an eine bestimmte Gesellschaft hin, so daß sie weder als Klimax- noch als typische Pionierbaumart mit soziologischer Eigenständigkeit (wie z. B. die Föhre) angesprochen werden kann.

c) Alpen-Südseite — Voralpen

Kolline Stufe

Im submediterranen Gebiet fehlt die Lärche in den Laubmischwäldern Insubriens (siehe Schröter-Schmid 1956), so auch im Flaumeichenwald mit Hopfenbuche, Feldulme und Zürgelbaum in lokalklimatisch begünstigter Lage. Wohl nur zufällig tritt sie fluktuierend im

Winterlinden-Traubeneichenwald mit Feldahorn und Elsbeere an durchschnittlichen Standorten auf, wenn orographische Voraussetzungen es zulassen. Statt der bodensauren Stieleichen-
Birkenwälder herrschen heute stellenweise anthropogen bedingt Edelkastanien-Selven, in die
von der montanen Stufe ab und zu Lärchen eindringen (Aufriß S o g l i o / C a s t a s e g n a,
Abb. 2).

Abb. 2.

SOGLIO / CASTASEGNA

St. : 960 m, schwach geneigter Südostrücken, Urgesteinsblockboden
Castasegna: 700 m, 9.5° C, 18.4 (+0.5/18.9)° C, 1440 mm.

Wg. : Anthropogen bedingte Kastanienselve (Edelkastanienwald, siehe R i k l i 1943); Baumschicht: Edelkastanie bis 26.5 m, 180 cm Durchmesser; Stieleiche, Birke, Aspe, Eberesche, *Sorbus aria*, Kirsche (Lärche, Föhre, Fichte, Bergahorn), Strauchschicht mit
Corylus avellana, Berberis vulgaris; Krautschicht: Arten bodensaurer Magermatten
dominierend; *Pteridium aquilinum, Sarothamnus scoparius, Genista tinctoria, Cytisus
nigricans, Calluna vulgaris, Festuca ovina, Anthoxanthum odoratum, Luzula nivea,
Deschampsia flexuosa, Festuca heterophylla, Primula vulgaris;* Nachbarschaft zu
transalpinen Fichten-Tannenwäldern.

Lä. : Relativ feinastig, wüchsig, gerade, mittelborkig.

Montane Stufe

Die ungemein artenreichen insubrischen Buchenwälder der unteren (bis oberen) montanen Stufe mit südalpinen Arten, wie *Paeonia officinalis, Aquilegia einseleana* und *Laburnum
alpinum,* sind gelegentlich von einzelnen Lärchen durchstellt; anthropogen bedingt, ist sie
heute stärker verbreitet (K u s t e r 1950). Auf Mähweiden und Weideflächen kann die Lärche
(lockere Schirmbestockung) sogar dominieren.

Kleinflächig verbreitet ist der durch einige südalpine Arten ausgezeichnete Tannen-Buchenwald mit Waldschwingel, in dem die Lärche sporadisch vorkommt. Im einzelnen ist über ihren Gesellschaftsanschluß in den anthropogen sehr beeinflußten Buchen- und Tannen-Buchenwäldern wenig bekannt. Gut ausgebildete Echte Tannenwälder mit Mäuseschwanzmoos haben keinen Lärchenanteil. Aus früheren Entwicklungsstadien oder bei wenig konservativer Behandlung (Aufriß als Beispiel C a v a l e s e / M o l i n a, Abb. 3) können einzelne Lärchen, Birken, Föhren vorhanden sein. Im seltenen Hasenlattich-Hochstauden-Tannenwald ist die Lärche sporadisch vorhanden, ebenso im Transalpinen Fichtenwald, der mit den Echten Tannenwäldern eng verbunden ist. Anthropogen bedingte Lärchenwiesenwälder sind nicht selten. Örtlich treten Schneeheide-Föhrenwälder auf, in denen die Lärche auf nordseitig gelegenen, weniger typischen Ausbildungen öfter einzeln vorkommt. .

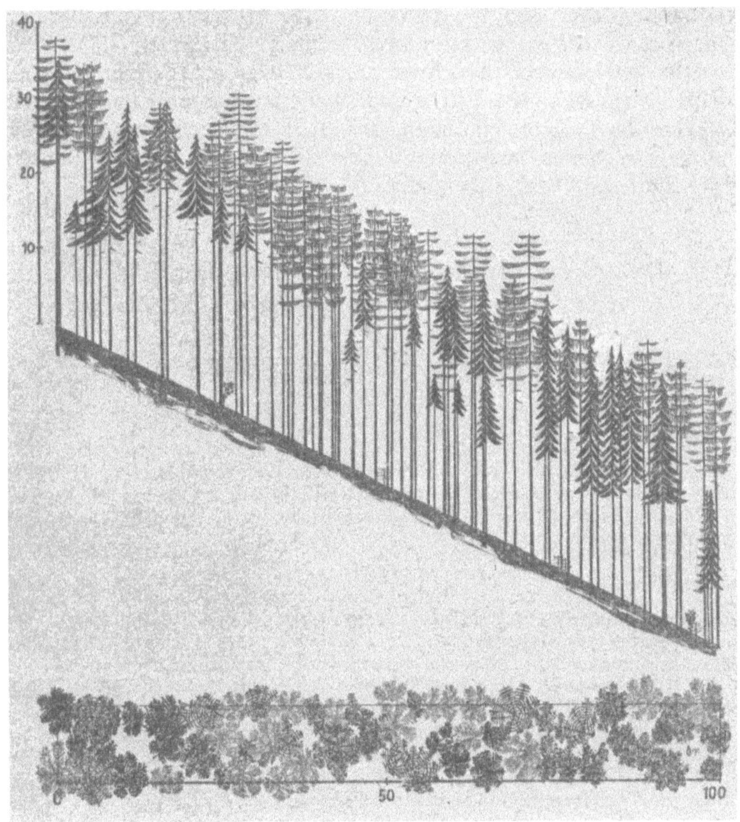

Abb. 3.

C A V A L E S E / M O L I N A

S t.   960 m, mäßig steiler bis steiler Nordwesthang; hangfrischer Urgesteinsschuttboden: Cavalese: 1000 m, 8.7⁰ C, 19.2 (—0.8/18.4)⁰ C, 863 mm.

W g. :   Montaner Fichten-Tannenwald mit Lärche (Föhre und krüppeliger Buche); *Carex alba, C. digitata, Luzula, Oxalis acetosella,* moosreiche Ausbildung.

L ä :   Feinastig bis mittelastig, schwachborkig, sehr wüchsig, Schneebruchschäden, durch starke Konkurrenz der Schattbaumarten heliotropische Krümmungen nicht selten, Lärche durch Kahlschlag gefördert.

Nahezu stets ist die Lärche im insubrischen Alpenrosen-Tannenwald, einer Klimax-gesellschaft auf silikatischem Grundgestein, eingesprengt bis beigemischt. Sie ist die wichtigste Pionierbaumart der Gesellschaft. Subalpine Fichtenwälder sind seltener und zum größeren Teil auf Südseiten in reine Lärchenwälder umgewandelt. Typische und flächig ausgebildete subalpine Fichtenwälder sind nahezu lärchenfrei; vgl. Paneveggio in der Südtiroler Palagruppe. Lärchen-Zirbenwälder mit geringem Lärchenanteil sind kleinflächiger als in den Innenalpen verbreitet.

Im Gegensatz zur Alpen-Nordseite tritt die Lärche im südlichen Voralpengebiet sowohl in der subalpinen als auch in der montanen Stufe auf und erreicht vereinzelt sogar die kolline (siehe auch Fenaroli 1936, Morandini 1956). Anthropogen bedingt ist sie oft die verbreitetste Baumart (Kuster 1950), so daß ihr natürlicher Gesellschaftsanschluß schwer abzuschätzen ist. In Klimax- und klimaxnahen Gesellschaften, in denen Tanne und Buche aus edaphischen oder lokalklimatischen Gründen an Vitalität einbüßen, dringt sie am leichtesten ein. Dauergesellschaften an heiß-trockenen Standorten meidet die Lärche stärker als an der Alpen-Nordseite des mittleren Ostalpenbereiches.

2. Der Gesellschaftsanschluß der Lärche im mittleren Ostalpen-Gebiet (Abb. 4)

a) Nördliche Voralpen — Berchtesgadener Kalkalpen (Mayer 1954, 1958)

Submontane Stufe

Von der Lärche werden die submontanen Tannen-Buchenwälder (mit Fichte bzw. Stieleiche) des Alpenvorlandes nicht mehr besiedelt. Die Lichtbaumart fehlt auch in den edellaubbaumreichen Mischwäldern (Typischer Bergahorn-Eschenwald, Auen-Bergahorn-Eschenwald, Fichten-Schwarzerlenwald).

Montane Stufe

Unregelmäßig und durchschnittlich mit geringer Menge ist die Lärche in Tannen-Buchen-Klimaxwäldern zu finden, so auch im dominierenden Fichten-Tannen-Buchenwald. Tannenreiche Ausbildungen, die auf tonig verwitternden, nadelbaumfördernden Mergelgesteinen stocken (z. B. mit grauem Alpendost, Waldgerste, Waldschwingel und Bärlauch) werden nur äußerst selten von der Lichtbaumart besiedelt. In buchenreichen Ausbildungen mit kahlem Alpendost und Weißsegge auf lehmig verwitternden, laubbaumfördernden Hartkalken ist dagegen die Lärche ziemlich regelmäßig eingesprengt, bei initialen Entwicklungsphasen sogar beigemischt. Besonders häufig findet man sie in der dem Schneeheide-Föhrenwald nahestehenden Ausbildung des Weißseggen-Buchenwaldes (Mayer 1954). Zufällig bedingt ist ihr stärkeres Auftreten im Typischen Buchenwald mit Tanne. Im Rostseggen-Bergahorn-Buchenwald ist die Lärche selten, in der Hochstauden-Ausbildung trotz des hochmontanen Standortes gar nicht vertreten. Klimaxnahe und Dauergesellschaften, wie z. B. Hirschzungen-Bergahornwald und Linden-Buchenwald, haben keinen oder nur einen sehr geringen Lärchenanteil, z. B. Eiben-Steilhangwald, Geißbart-Bergahornwald mit Buche.
Nicht allen natürlichen montanen Nadelwäldern, besonders nicht denen mit dem Charakter von Dauergesellschaften schließt sich die Lärche an. Im Fichten-Tannenwald, Torfmoos-Fichtenwald, Frostloch-Fichtenwald und im fragmentarisch auftretenden montanen Fichtenwald findet man sie kaum. Dagegen kann in früheren Entwicklungsphasen des Block-Fichtenwaldes auf Nordseiten der Lärchenanteil beträchtlich sein. Extremen Ausbildungen des Schneeheide-Föhrenwaldes mit *Carex humilis* oder *Molinia litoralis* fehlt die Lärche, nicht dagegen moosreichen auf etwas frischeren Böden und bei Entwicklungstendenz zum Buchenwald. In Übergangsstadien vom Latschenbuschwald zum Bergspirkenwald des Wimbachtales kann sie sich schwach durchsetzen.

Die Lärche kommt nicht vor in alluvialen Weidenbestockungen und Weißerlenbusch-
wäldern sowie in Latschenhochmooren (Ausnahme siehe P a u l - S c h o e n a u 1932) und in
Legbuchenbeständen. Relativ reichlich tritt sie dagegen in Schuttgesellschaften, soziologisch
„indifferenten" Steilhang- und Felswandbestockungen (Beispiel Königssee) und insbesondere
in anthropogen beeinflußten Fichtenforstgesellschaften auf. In Latschenreliktbestockungen an
schattseitigen Steilabstürzen fehlt die Lärche selten.

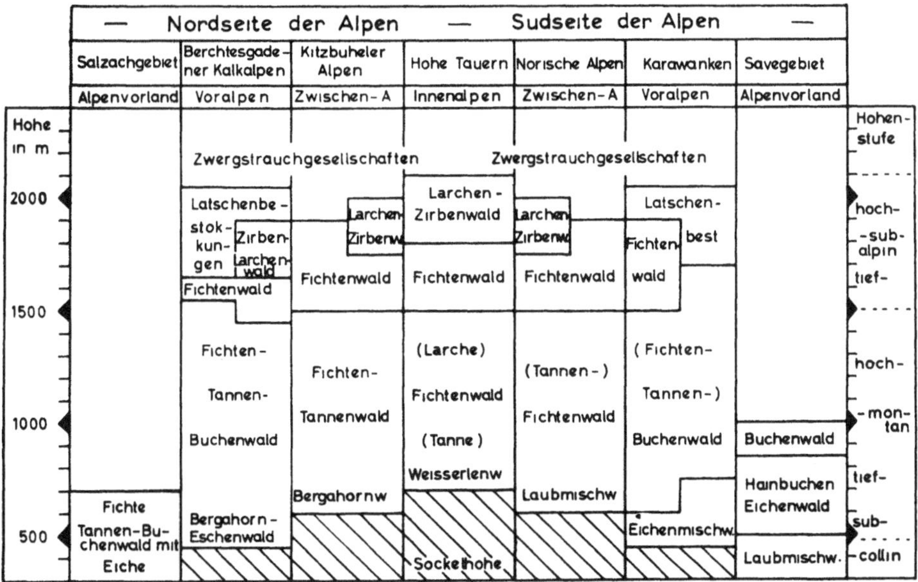

Abb. 4. Schematischer Vegetationsquerschnitt und Gesellschaftsanschluß der Lärche in den
mittleren Ostalpen.

Durch historische (B ü l o w 1950) und pollenanalytische (M a y e r 1961)
Untersuchungen wurde bestätigt, daß die Lärche in der montanen Stufe heimisch
ist. Bezeichnend ist ihr Anschluß an Waldgesellschaften, die auf den für das Gebiet
typischen „laubbaumfördernden" Hartkalken stocken und für welche eine gewisse
Verarmung an Fichte und Tanne charakteristisch ist. Beim Vergleich der Baum-
artenzusammensetzung und des Gefüges von soziologisch-ökologischen Artengruppen
in montanen Gesellschaften zeigt sich (M a y e r 1959), daß (abgesehen von anthropogen beeinflußten Typen) mit höherem Lärchenanteil ein stärkeres Auftreten von
Föhre und Mehlbeere (Birke, Legföhre) parallel geht. Gleichzeitig fallen folgende
Artengruppen auf: Föhrenwaldarten (Arten subalpiner Strauchgesellschaften,
thermophile Laubwaldarten); ferner Felsspalten- und Kalkschuttbesiedler, Anzeiger
für trocken-warme und wechseltrockene Standorte sowie für Trockenrasen. Dem-
nach ist das Vorhandensein geeigneter Pionier- und Dauergesellschaften (z. B.
Schneeheide-Föhrenwald) eine wichtige Voraussetzung zum nachhaltigen reichlichen Auftreten der Lärche in der montanen Stufe. Im Übergangsbereich von der
Dauer- zur Klimaxgesellschaft kann sie sich am besten entfalten. Dem soziologischen
Faktor, der Konkurrenzfrage, kommt also eine wesentliche Bedeutung für die Verbreitung der Lärche zu, wobei Fichte und Tanne auf nadelbaumfördernder Unterlage ungünstiger zu beurteilen sind als Buche auf laubbaumfördernder Unterlage.

Streckenweise fehlt die Lärche im typischen subalpinen Fichtenwald, besonders in der zwergstrauchreichen Ausbildung. Regressive Stadien und initiale felsige Standorte sind dagegen lärchenreich. Auch die krautreichen Hangfichtenwälder haben gegen Süden zunehmend eine schwache Beimischung von Lärchen, die durch den alpinen Reliefcharakter gefördert wird. Der Block-Lärchenwald entspricht als Pioniergesellschaft dem Block-Fichtenwald (M a y e r 1961). Rein tritt die Lärche im natürlichen Lärchenwiesenwald auf (M a y e r 1957). Pflanzengeographisch bedingt sind in der oberen subalpinen Stufe auch reine Lärchenwälder mit dominierendem *Rhododendron hirsutum* im Unterwuchs auf den Kalkhochflächen vorhanden. Die Zirben-Lärchenwälder besitzen geringe Entwicklungstendenz, so daß die Lärche durch das Fehlen typischer Schlußwälder sehr reichlich auftritt. In Alpenrosen-Latschenbestockungen ist sie nur in der subalpinen Stufe spärlich zu finden. Vereinzelt kann man sie in weniger typischen, lockeren Grünerlenbuschwäldern auf Hartkalk in mäßiger Ausformung antreffen, nicht dagegen auf tonreichem Grundgestein. Waldfreie Alpenrosen-Zwergstrauchstandorte sind gewöhnlich zwischen Wald- und Baumgrenze von einzelnen Lärchen, im Süden auch von Zirben überstellt.

In den unmittelbar am Gebirgsrand gelegenen relativ niedrigen Hochflächen (Lattengebirge, Untersberg) mit schmalem, nahezu lärchenfreiem subalpinen Fichtenwaldgürtel kann die Lärche keine eigene Höhenstufe aufbauen. Ausgedehnte Latschenbestockungen ersetzen sie. Die Hangstandorte der mittleren Gebirgsstöcke (Watzmann—Hochkalter) tragen an Schattseiten natürliche Lärchenwiesenwälder über der ebenfalls schmalen Fichtenwaldstufe mit etwas größerem Lärchenanteil. Erst in den südlichen höheren und ausgeprägten Kalkhochflächen (Hagengebirge, Steinernes Meer, auch Reiter-Alpe) entwickelt sich über der hier typisch ausgebildeten Fichtenwaldstufe ein Lärchenwaldgürtel, in dem die Zirbe noch nicht die ihr in den Zentralalpen eigene Konkurrenzkraft entfalten kann. Zahlreiche Pionier- und Dauergesellschaftsstandorte im unruhigen, schrofferen Relief der Hartkalkgebirge bewirken den hohen Lärchenanteil, da sich infolge gehemmter Boden- und Vegetationsentwicklung die größere soziologische Durchdringungskraft von Fichte und Zirbe nicht auf einheitlichen Großflächen auswirkt. Standort, insbesondere das Relief, pflanzengeographischer Tatbestand, geringe Konkurrenzkraft der Zirbe, tiefe Lage der Fichtengrenze am Alpenrand und Waldgesellschaftskomplex der subalpinen Stufe begünstigen das Vorkommen der Lärche.

b) Nördliche Zwischenalpen — Kitzbüheler Alpen

Durch die typische Lage zwischen den „ozeanischen" Voralpen und den „kontinentalen" Zentralalpen sowie das Vorherrschen kalkfreier bis -armer nadelbaumfördernder Schiefer der „nördlichen Grauwackenzone" ist ein Vergleich der Verbreitung und des Gesellschaftsanschlusses der Lärche mit den Verhältnissen in den Berchtesgadener Kalkalpen besonders aufschlußreich (M a y e r 1959).

Montane Stufe

Zum Teil submontanen Charakter haben fragmentarisch noch vorhandene Bergahornwälder mit *Phyllitis, Lunaria* und *Aruncus*, die ebenso wie kleinflächig vorkommende, nicht mehr typisch ausgebildete Bergahorn-Eschenwälder mit *Impatiens* ohne Lärchenbeimischung sind. Überwiegend am Nordrand des Gebietes im Einzugsbereich der die Voralpen durchbrechenden Täler von Inn, Tiroler Ache und Saalach und nur auf laubbaumfördernder Unterlage kommen Fichten-Tannen-Buchenwälder vor. Ein ausgeprägter Verbreitungsschwerpunkt der Lärche befindet sich in den Kitzbüheler Alpen im Fichten-Tannen-Buchenwald mit *Adenostyles glabra (Carex alba* - Ausbildung), der mit dem Schneeheide-Föhrenwald verwandt ist. In der typischen Ausbildung des Fichten-Tannen-Buchenwaldes mit *Adenostyles glabra* und in der Untergesellschaft mit *Festuca silvatica* ist die Lärche jeweils auf den schuttreichen Steilhangböden in gleicher Weise schwach vertreten. Im buchenreichen montanen Mischwald mit *Elymus europaeus* fehlt sie in der Regel.

Fichten-Tannenwälder herrschen im montanen Bereich besonders auf nadelbaumfördernder Unterlage vor. Sowohl in der tiefmontanen *(Luzula nemorosa)* als auch in der hochmontanen *(Luzula nemorosa/silvatica)* Ausbildung des Fichten-Tannenwaldes kommt in wenig beeinflußten Beständen die Lärche ausgesprochen selten vor. In der wüchsigen Untergesellschaft mit *Petasites albus* auf hangfrischen Steilhängen fällt die Lärche durch Konkurrenz der Schattbäume bald aus. Regelmäßiger, aber nur spärlich ist sie in der typischen Untergesellschaft mit *Luzula* zu finden. Bei Vegetationseinheiten mit *Vaccinium myrtillus* und *Blechnum* ist die Lärche nahezu nur in anthropogen bedingten fichtenreichen Degradationsphasen des Fichten-Tannenwaldes zu beobachten. Die Untergesellschaft mit *Equisetum silvaticum* ist lärchenfrei; jene mit *Carex alba* besitzt neben reliktischer Föhre stets geringe Lärchenbeimischung. Keine Lärchen wurden in montanen Fichtenwäldern beobachtet. Das Fehlen der Lärche im Block-Fichtenwald in einigen Beispielen ist wohl durch das Nichtvorhandensein der Lichtbaumart in den Kontaktgesellschaften erklärlich.

Trotz außerordentlich starker und frühzeitiger Beeinflussung der Naturwälder durch den salinarischen Kahlschlagbetrieb kommt selbst in den vorherrschenden Fichten-Forstgesellschaften die Lärche nur sporadisch, selten eingesprengt vor

Subalpine Stufe

Heidelbeerreiche subalpine Fichtenwälder mit eingesprengten Ebereschen und örtlich sporadischen Lärchen herrschen monoton auf großen Flächen. Dabei sind Ausbildungen auf Tonschiefer lärchenärmer als solche auf blockigem Quarzphyllit. Auch nach Kahlschlag naturnaher Bestände bleibt der Lärchenanteil gering. Selbst gegen die Waldgrenze hin ist die Lichtbaumart nur spärlich eingesprengt. Verebnungen mit dem Torfmoos-Fichtenwald sind ohne Lärche. Im südwestlichen Quarzphyllitgebiet wird die etwas höher gelegene Waldgrenze von vital entwickelten Alpenrosen-Zirbenklimaxwäldern *(Rhododendron ferrugineum)* gebildet, die trotz großer Arealverluste durch Kahlschläge auch in den Nachfolgebeständen ungemein lärchenarm sind. Im Gegensatz zu den Berchtesgadener Kalkalpen kommen auf dem ausgedehnten Almgelände keine künstlichen Lärchenwiesenwälder von Belang vor. Einzelne Lärchen auf Borstgras-Almweiden (tonig-schluffige Böden) sind nicht optimal entwickelt. Auch in dem gut ausgeprägten Zwergstrauchgürtel über der Waldgrenze sind kaum Lärchen, meist nur krüppelige Fichten, eingesprengt. Hochmoorstandorte, lokal beschränkte Latschenbestockungen und Grünerlenbuschwälder an wasserzügigen Steilhängen sind lärchenfrei.

Trotz der Zwischenalpenlage mit größerer thermischer und hygrischer Kontinentalität ist der Lärchenanteil in den Kitzbüheler Alpen im Durchschnitt auffallend niedriger als in den zum Voralpengebiet gehörigen Berchtesgadener Kalkalpen. Die leicht verwitternden Schiefer und Phyllite mit ihren feinerdereichen Böden sind nadelbaumfördernde Unterlagen (K u o c h 1954). Fichte und Tanne treten deshalb mit der Lärche besonders stark in Konkurrenz. Da durch die ausgeglichenen Reliefformen trotz steiler Hanglagen fast nur Klimaxgesellschaften auftreten, ist bereits aus soziologischen Gründen der natürliche Lärchenanteil gering. Außerdem begünstigen die vorherrschenden Dauergesellschaften edaphisch nicht die Lärche und geeignete Reliktstandorte sind in der montanen Stufe sehr dürftig. Im Bereich der Föhrenwälder, die im Nordwesten auf Hauptdolomit und im Nordosten auf Ramsaudolomit vorkommen, steigt in den buchenreichen Kontaktgesellschaften sprunghaft der Lärchenanteil. Sowohl in der montanen als auch in der subalpinen Stufe hat die Lärche durch den jahrhundertelangen Kahlschlagbetrieb der Saline nicht wesentlich zugenommen. Ebenso wie der Buche, sagen auch der Lärche tonreiche, zur Verdichtung und Wechselfeuchte neigende Pseudogleyböden nicht zu. Die durch Kahlschlag und Beweidung geförderte Bodenverdichtung verhindert in den subalpinen Hochlagen ebenfalls einen höheren Lärchenanteil. Außerdem sind oft verjüngungshemmende Bodendecken aus vital entwickelten Zwergstrauchheiden vorhanden.

Ausgeglichenes Relief, nadelbaumförderndes Grundgestein, soziologisches Gefüge der auftretenden Fichten-Tannen-, Fichten- und Zirbenwaldgesellschaften, Dominanz von Klimaxgesellschaften und Fehlen bis geringe Verbreitung von Dauer-

und klimaxnahen Gesellschaften (mit natürlichem Lärchenanteil) sowie von geeigneten Reliktstandorten (mit Föhre) müssen als Hauptursachen des geringen Lärchenanteiles angesehen werden.

c) Innenalpen — Hohe Tauern

Nur vom Nordabfall liegen bisher eingehendere Untersuchungen vor (M a y e r 1959); vgl. G a m s 1935, F r i e d l 1956.

Montane Stufe

Infolge größerer Sockelhöhe der Hohen Tauern gegenüber den Voralpen oder Walliser Westalpen fehlen kolline Mischwälder. Fragmentarische Bergahornwälder mit Linde, Esche und Buche auf Reliktstandorten sind lärchenfrei. Im einheitlich dominierenden Tannen-Fichtenwald des Nordabfalls kommt die Lärche ziemlich regelmäßig mit geringen Mengen vor. Bezeichnend ist die Variation. Die Lärche fehlt nahezu oder ganz in den bodenfeuchten Vegetationseinheiten mit *Equisetum silvaticum* und *Petasites albus*. Relativ reichlich ist sie auf den Steilstandorten der Gesellschaften mit *Adenostyles glabra*, *Carex alba* und *Festuca silvatica*. Mittlere Mengen erreicht sie im Tannen-Fichtenwald mit *Luzula nemorosa*, wobei in Varianten mit Buche (reliktisch) oder Fichte (Degradations-Ausbildung) die Lärche häufiger vertreten ist. Unterschiedlich kommt sie im montanen Tannen-Fichtenwald mit *Vaccinium myrtillus* vor. Der montane Fichtenwald der Nordseite ist lärchenfrei.

Am Südabfall der Hohen Tauern ist der montane Fichtenwald mit *Carex alba* und *Luzula nivea* lärchenreicher als die Untergesellschaften mit *Luzula nemorosa*, *Vaccinium myrtillus* und *Vaccinium vitis-idaea*. Auch im Südteil sind Föhrensteppenheidewälder nur fragmentarisch vorhanden. Sie sind zum Teil ersetzt (nach Brandrodung) durch Weiden, die mit Lärche überstellt sind.

Subalpine Stufe

Vorherrschend ist ein heidelbeerreicher Fichtenwald, der in flach geneigten Lagen und bei ausgeglichenem Relief von der Lärche nur sporadisch besiedelt wird. In anthropogen beeinflußten subalpinen Fichtenwäldern tritt sie örtlich häufiger auf. Lärchen-Zirbenwälder haben eine unterschiedliche Lärchenbeimischung, die je nach Entwicklungszustand der Gesellschaft schwankt. Parallelen im Gesellschaftsanschluß ergeben sich zu den soziologisch nahe verwandten Schweizer Waldgesellschaften (O n n o 1954). Grünerlenbestockungen geringer Ausdehnung sind ohne Lärche, Latschenfelder sind sporadisch von ihr besiedelt.

Der Lärchenanteil in den Hohen Tauern ist bei gut entwickelten, naturnahen Klimaxgesellschaften der montanen und der subalpinen Stufe nicht hoch. Lärchenreicher ist der südliche Teil; ebenso sind steile, flachgründige oder bodentrockene Standorte durch die edaphische Benachteiligung der Klimaxbaumart meist stärker von der Lichtbaumart bestockt. Torfmoosreiche Waldgesellschaften auf sauren, nassen-wechselfeuchten Verebnungen sind frei von Lärchen. Zwergstrauchreiche Gesellschaften gering geneigter Standorte, die sich besonders auf granitischem Zentralgneis und Phyllit, weniger auf Granat- und Kalkglimmerschiefer vital entwickeln können, sind lärchenärmer als moosreiche Gesellschaften hängiger Lagen mit geringerer Boden- und Vegetationsentwicklung. Im Vergleich zu den Kitzbüheler Alpen wird in den Hohen Tauern die Lärche gegenüber der Fichte gefördert durch stärker gegliedertes Relief, steilere Hänge, den trockenen-kontinentalen Klimacharakter, das Ausscheiden von Tanne und Buche als Konkurrenten und hygrisch bedingt durch reduzierte Wuchsleistung der Fichte, ferner durch allgemein besser durchlüftete Böden mit günstigeren Wuchsbedingungen für die Lärche und höherem Anteil von nicht voll entwickelten Schlußwaldgesellschaften. Durch die größere Massenerhebung kann sich die obere subalpine Stufe mit Lärchen-Zirbenwäldern meist frei von orographischen und lokalklimatischen Einflüssen entfalten. Besonders am Südabfall hat die Lärche durch den stärkeren und früher einsetzenden anthropogenen Einfluß ihr Areal erheblich ausgeweitet.

18

d) S ü d l i c h e Z w i s c h e n a l p e n — N o r i s c h e A l p e n (Gebiet zwischen
dem Lungau und der Villach—Klagenfurter Beckenlandschaft, A i c h i n g e r
1956)

Montane Stufe

In den Laubmischwäldern der südlichen kollinen Beckenlandschaft dürfte von Natur
aus die Lärche gefehlt haben, ebenso wohl in den Mischwaldfragmenten der submontanen
Stufe. Fichten-Tannen-Buchenwälder, die im südlichen Teil an Nordseiten (Aufriß M i l l -
s t a t t / B u c h e n w a l d, Abb. 5) oder lokalklimatisch luftfeuchte Standorte (Gößgraben)
bzw. nachhaltig frische Böden gebunden und als reliktische Dauergesellschaften anzusprechen
sind, haben nur einen niedrigen Lärchenanteil. In natürlichen moosreichen (Tannen-)
Fichtenwäldern mit Hainsimse und Farnen dürfte auf nährstoffreichen hangfrischen Glimmer-
schieferböden die Lärche nur in steileren Hanglagen vereinzelt aufgetreten sein, während in
muldigen staunassen Lagen (Torfmoos-Fichtenwald) Lärche fehlt. Montane Fichtenwälder
auf Südseiten, die den Föhrenwäldern näher stehen, haben geringen Lärchenanteil. Grau-
erlenbuschwälder, fragmentarische edellaubbaumreiche Gesellschaften sind ohne Lärchen,
doch auf weniger extremen Standorten der Föhrenwälder, z. B. in Bergsturzgebieten, treten
sie vereinzelt auf.

Abb. 5.

MILLSTATT / BUCHWALD

S t. : 720 m, mäßig steiler bis steiler Nordosthang, frischer Porphyrit-Hangschuttboden;
Millstatt: 575 m, 8.5⁰ C, 21.2 (—2.6/18.6)⁰ C, 915 mm.

W g. : Tiefmontaner (Buchen⁰-)Fichten-Tannenwald mit Föhre, Lärche, Bergahorn, Birke,
Eberesche (Buchengrenze, Buche nur mehr an Nordseite); locker *Vaccinium myrtillus*,
*Luzula nemorosa, Oxalis acetosella. Lycopodium annotinum, Calamagrostis arundi-
nacea,* moosarm.

L ä. : Sporadisch bis eingesprengt, ziemlich starkastig und starkborkig, sehr wüchsig.

Subalpine Stufe

Im moosreichen subalpinen Fichtenwald auf Glimmerschiefer kann sich in schwach geneigten Lagen bei ziemlich ausgeglichener Wuchsrelation der Mischbaumarten und bei dem durch die Fichte in allen Schichten beherrschten Bestandsgefüge die Lärche nicht nachhaltig behaupten. Der heute durch jahrhundertelange Kahlflächenverjüngung bedingten Lärchenbeimischung dürfte ein sporadisches bis eingesprengtes natürliches Vorkommen entsprechen (Aufriß Tamsweg/Lasaberg, Abb. 6). Auch heidelbeerreiche Fichtenwälder ebener oder höherer Lagen haben nur einen geringen Lärchenanteil. Auf schwerer verwitterndem kristallinem Urgestein tritt noch der Lärchen-Zirbenwald in verschiedenen Untergesellschaften auf. Grünerlenbuschwälder auf tonreichen Gesteinen und Latschenbestockungen sind nahezu lärchenfrei

Abb. 6.

TAMSWEG / LASABERG 42 g

S t. · 1800 m, sanft geneigte nordseitige Hangmulde, Glimmerschiefer, kolluvial angereicherter, ziemlich feinerdereicher extrem degradierter podsoliger Boden;
Turrach: 1264 m, 3.8° C, 18.3 (—5.3/13.0)° C, 1007 mm.

W g . Moosreicher subalpiner Fichtenwald mit Lärche, *Vaccinium*-Ausbildung; *Vaccinium
myrtillus, Luzula luzulina, Vaccinium vitis-idaea, Soldanella alpina, Oxalis acetosella,
Pleurozium schreberi, Dicranum scoparium, Listera cordata.*

L ä · Lärche schmalkronig, etwas flechtig, starkborkig, reduzierte Vitalität, in dem teilweise plenterartigen Bestandsgefüge des Spitzfichten-Bestandes immer mehr Areal
verlierend, ohne Verjüngung.

Der nördliche an den Lungau angrenzende Teil des Gebietes ist lärchenreich. Stellenweise herrscht anthropogen bedingt die Lärche sogar in der subalpinen Nadelwaldstufe vor, weil lange Zeit flächige Verjüngungsverfahren üblich waren. Da die Lärche auf den gut durchlüfteten Böden neben Eberesche und Birke zu den natürlichen Pionierbaumarten gehört, ist der höhere Lärchenanteil nicht überraschend. Für eine eingehendere Beurteilung ihres Gesellschaftsanschlusses in diesem Gebiet, das größere Verwandtschaft zu den Innenalpen erkennen läßt als die Kitzbüheler Alpen, fehlen noch entsprechende Grundlagen.

e) S ü d l i c h e   V o r a l p e n — K a r a w a n k e n (A i c h i n g e r 1933, 1956)

K o l l i n e   S t u f e

Eichenmischwälder auf sonnseitigen Hängen sind ohne natürlichen Lärchenanteil, ebenso Fragmente des illyrischen Laubmischwaldes mit Mannaesche und Hopfenbuche an südlichen Steilhängen. Auch in den vergleichbaren Gesellschaften des südlichen Alpenvorlandes kommt sie nicht mehr natürlich vor. Im Eichen-Hainbuchen(Buchen-)Mischwald mit Föhre ist die Lärche vereinzelt im Draugebiet zu finden.

M o n t a n e   S t u f e

Bei den vorherrschenden Buchen- und Tannen-Buchenwaldgesellschaften ist die Lärche unregelmäßig, im Durchschnitt schwach eingesprengt. Zahnwurz- oder Alpendost-Buchenwäldern fehlt sie oft völlig. In initialen Entwicklungsphasen des Buchenwaldes mit Schneeheide tauchen neben der eingesprengten Lärche auch noch sporadisch Schwarzkiefer und Waldföhre auf. Die Hopfenbuchen-Ausbildung an den Zuwanderungswegen illyrischer Arten (z. B. Loiblpaß-Gegend) wird ebenfalls gelegentlich von der Lärche besiedelt. Selbst in einer Eiben-Ausbildung im luftfeuchten-schluchtigen Gelände (Tscheppa-Schlucht) ist sie vital eingesprengt. Fichten-Tannen-Buchenwälder schattseitiger Steillagen sind regelmäßig von der Lärche bestockt. In gering vertretenen Fichten-Tannenwäldern ist sie selten, ebenso in gereiften Entwicklungsstadien des Block-Fichtenwaldes (z. B. Bodental). Montane Fichtenwälder, klimatisch durch Frostlochlage oder edaphisch (mit Tanne) durch Feinerdereichtum bedingt, werden nur sporadisch von ihr besiedelt. Heidelbeerreiche Föhrenwälder auf mageren Silikat-Moränenböden, auch das Heidekraut-Kahlschlag-Degenerationsstadium der gleichen Gesellschaft, weisen ein sporadisches Lärchenvorkommen auf. Im Schneeheide-Föhrenwald auf sonnseitigen Kalkstandorten kommt sie vereinzelt in zum Buchenwald überleitenden Entwicklungsphasen vor, während die Schwarzkiefern-Dauergesellschaft auf extremsten Kalkrohböden nicht von ihr besiedelt werden kann. Die Lärche fehlt in alluvialen Weißerlen-Föhrenwäldern und Weidenbestockungen. Eingesprengt ist sie in Übergangsstadien vom Weißerlenwald zum Fichtenmischwald. Reichlicher Lärchenanteil in Buchenbeständen auf Klimaxstandorten deutet auf stärkeren anthropogenen Einfluß durch Flächenverjüngung hin.

S u b a l p i n e   S t u f e

In hochsteigenden Buchenwäldern kommt die Lärche besonders an den natürlichen edaphisch bedingten Bestandsrändern (Gräben, Felsabsätze) vor. Aus orographischen Gründen ist der subalpine Fichtenwald lückenhaft verbreitet. Die Lärche fehlt auf Südseiten nahezu und ist in aufgelösten nordseitigen Vorkommen eingesprengt bis beigemischt. Von einzelnen Lärchen locker überstellt sind meist die basiphilen Alpenrosen-Latschenbestockungen der nordseitigen Kalkschutthänge. Seltener ist die Lärche in der artenarmen zwergstrauchreichen azidiphilen Untergesellschaft an feuchtkalten Nordseiten, während an Südseiten eine Fichten-Ausbildung vorkommt. Der Grünerlenbuschwald auf feinerdereichen feuchten Standorten ist lärchenfrei.

Karawanken und Berchtesgadener Kalkalpen bieten einige Parallelen im Vegetationsbild. In beiden Gebieten ist die Lärche ungefähr gleich häufig vertreten. Aus orographischen Gründen fehlt aber in den Karawanken die obere subalpine Lärchenstufe. Auf Nordseiten ist sie da und dort angedeutet. Das zerstückelte Fichtenwaldareal bietet keine günstige Ausgangsposition für das Eindringen der Lärche in montane Waldgesellschaften. Ihr trotzdem sporadisches bis eingesprengtes Vorkommen begünstigen verschiedene Faktoren: Schroffes Kalkgebirge mit großer Reliefenergie, reicher Gliederung und überwiegend jungen, gering gereiften Böden guter Durchlüftung; zahlreiche Reliktstandorte (Bergstürze) für die Lärche vorhanden; keine einheitlich weiträumige Verbreitung von Klimaxgesellschaften; vielfältiges Auftreten von klimaxnahen und Dauergesellschaften, die der Lärche natürliche Refugien bieten; häufig initiale Buchenwaldentwicklungsstadien; zahlreiche Föhren-, Schwarzkiefern- und Latschen-Übergangsgesellschaften im Kontakt zum Buchenwald.

Ferner begünstigt der Ost—West-Verlauf der Karawanken die Verbreitung der
Lärche, wie aus ihrem reichlicheren Vorkommen auf Schattseiten zu ersehen ist.
Die heutige stärkere Beimischung der Lärche in vielen Buchenbeständen und Fichtenforstgesellschaften ist anthropogen — Raubwirtschaft durch Eisenindustrie —
bedingt, wie der Vergleich mit naturnah aufgebauten Wäldern zeigt. Besonders in
der oberen montanen Stufe hat sie sich deshalb als natürliche Pionierbaumart stark
ausgebreitet. In der tiefmontanen Stufe konnte sich die Lärche nach dem primären
Pionier Waldföhre nur beschränkt in die Übergangsgesellschaften zum Buchenwald
einschieben und behaupten.

3. Der Gesellschaftsanschluß der Lärche am östlichen Ostalpenrand (Abb. 7)

a) Nordöstliche Voralpen (Kalkvoralpen—Wiener Wald), (Hufnagl 1949, 1954)

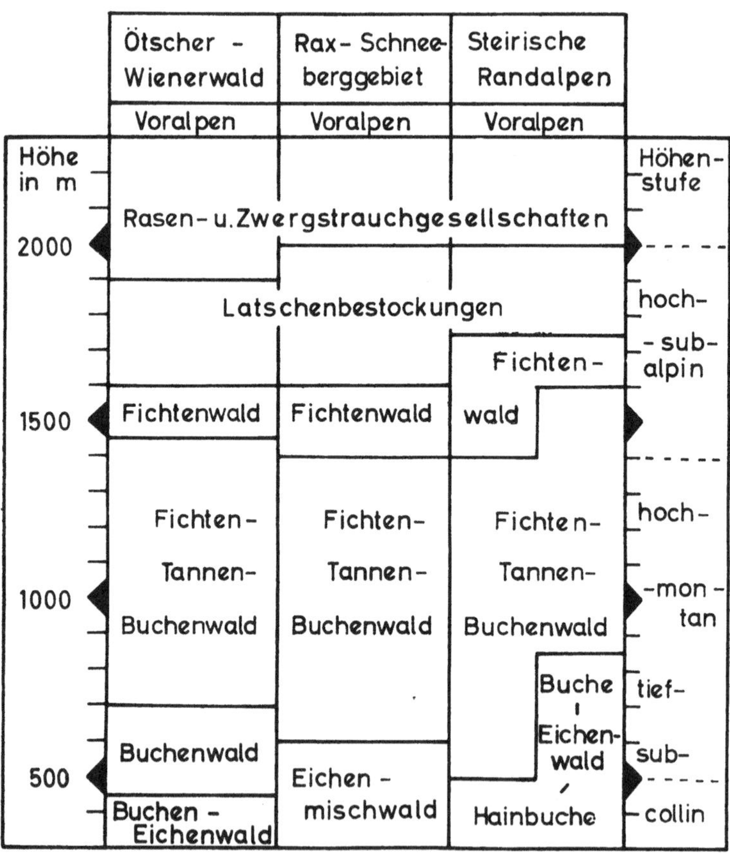

Abb. 7. Waldvegetationsgliederung und Gesellschaftsanschluß der Lärche am Ostalpenrand.

Montane Stufe

Eichen-Hainbuchen- und Eichen-Buchenwälder der kollinen Stufe des Alpenvorlandes sind von Natur aus lärchenfrei. Im submontanen Bereich kommt in warmen Lagen ein bodensaurer *(Luzula nemorosa-)* Traubeneichen-Buchenwald vor, in dem neben Föhre, Eberesche, Kirsche, Hainbuche (Zerreiche) auch vereinzelt die Lärche auftritt (Aufriß Altlengbach/Scheibelreith, Abb. 8). Im Buchen- und Tannen-Buchenwald mit Bergschwingel *(Festuca drymeia = montana)* ist sie im Sandstein des Wienerwaldes ebenfalls sporadisch zu finden. Der größte Teil der vom Gebirge weiter abgelegenen Buchenwaldgesellschaften des Wienerwaldes mit *Carex pilosa, Melica uniflora, Allium ursinum* und *Festuca drymeia* ist ohne Lärchenbeimischung, insbesondere Vegetationseinheiten auf Mergelböden. In den montanen Fichten-Tannen-Buchenwäldern des Dolomitgebietes schließt sich die Lärche sporadisch bis vereinzelt dem weniger frischen Waldmeister-Sanikel-Typ und dem Schneerosen-Leberblümchen-Typ an, dabei im Übergang zum Schneeheide-Föhrenwald etwas stärker hervortretend. Sie fehlt im Schattenkräuter- und Hochstauden-Farntyp (Rothwald) oder ist höchstens schwach verbreitet.

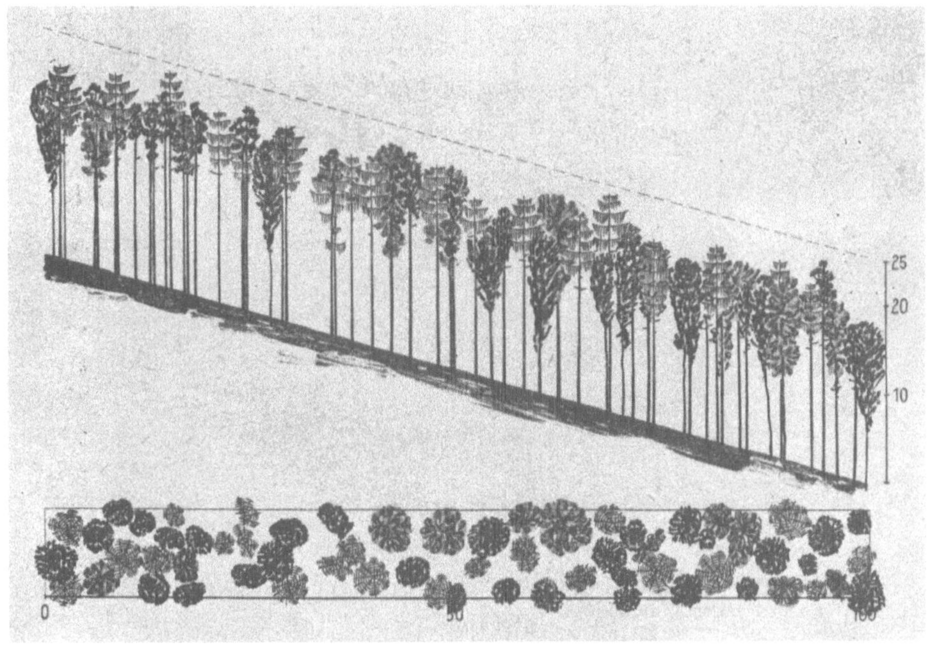

Abb. 8.

ALTLENGBACH / SCHEIBELREITH (Soos)

St. : 500 m, mäßig steiler Südwesthang, muldig; Greifensteiner Sandstein; sandig-anlehmiger, mäßig frischer Brauner Waldboden;
Altlengbach: ca. 7—8⁰ C Jahresmitteltemp., 850 mm.

Wg : Submontaner Traubeneichen-Buchenwald mit Föhre, Lärche (Zerreiche, Edelkastanie, etwas Tanne, ferner Hainbuche, Elsbeere, Kirsche); *Festuca drymeia (montana), Cyclamen europaeum, Carex digitata, Luzula nemorosa, Hedera helix, Calamagrostis arundinacea, Deschampsia caespitosa, Asperula odorata.*

Lä. : Kurz, mäßig wüchsig, bis 30 m, etwas starkastig, gerade, noch feinborkig, gut verkernt, relativ gut geformt auf dem trockenen Standort, wenig lichtbedürftig, da in Mittelschicht noch lange dahinvegetierend.

In der schwach ausgeprägten Fichtenwaldstufe ist die Lärche eingesprengt. Die obere subalpine Stufe bilden Latschenbestockungen, die von Lärchen im unteren Teil auf weniger extremen Standorten locker überstellt sind.

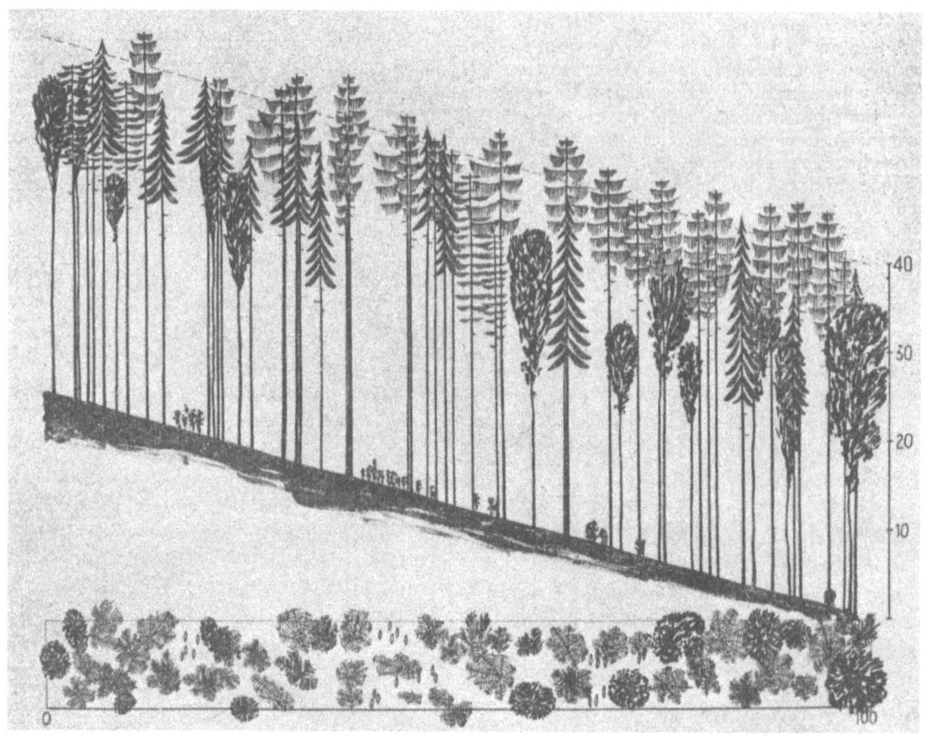

Abb. 9.

STEYR / SPATENBERG (Brandl)

St. · 810 m, schwach geneigter Südwest-Hang, Flysch, sandige Ausformung, tiefgründiger, frischer Brauner Waldboden;
Weyer: 397 m, 7.5⁰ C, 18.8 (—2.3/16.5)⁰ C, 1521 mm, siehe auch Steyr.

Wg. : Tiefmontaner Fichten-Tannen-Buchenwald mit Lärche, Bergahorn, Esche (bis 1000 Vfm); *Luzula silvatica, Cardamine trifolia, Festuca silvatica, Oxalis acetosella,* stellenweise sehr farnreich, örtlich *Daphne laureola.*

Lä. : Lärchen-Spitzenbestand, mehrere Plusbäume. Lärche lang, schlank, sehr wüchsig, gerade, feinastig, feinborkig.

Über den unmittelbaren Voralpenbereich hinaus kommt die Lärche sporadisch bis eingesprengt im westlichen Teil des vorgelagerten Wienerwaldes natürlich vor, wobei sie an manchen Stellen über das Areal von Fichte und Tanne hinaus vordringt. Die heutige, örtlich stärkere Beimischung ist anthropogen bedingt und erschwert die Beurteilung. Charakteristisch ist das Fehlen der Lärche im stark wasserzügigen Mergelgebiet mit weicheren Reliefformen und üppig entwickelten kraut- und edellaubbaumreichen Buchenwaldgesellschaften, während bodentrockene, nähr-

stoffarme Standorte im Sandsteingebiet, geringwüchsige Mischwälder und föhren-
waldnahe Waldgesellschaften in der tief eingeschnittenen Dolomitlandschaft
schwach besiedelt werden.

Es wäre eingehender zu prüfen, ob diese Lärchen durch Entwicklung breitkroniger
Formen und weniger lichtbedürftiger Biotypen (langes Aushalten zwischenständiger Lärche) ·
konkurrenzfähiger als andere Herkünfte sind. Außerdem ist es fraglich, ob sich ohne
menschlichen Einfluß in dieser alten Kulturlandschaft die archivalisch belegten Grenzvorkommen bis in unsere Zeit erhalten hätten (ähnlich wie im Gebiet der polnischen Lärche).

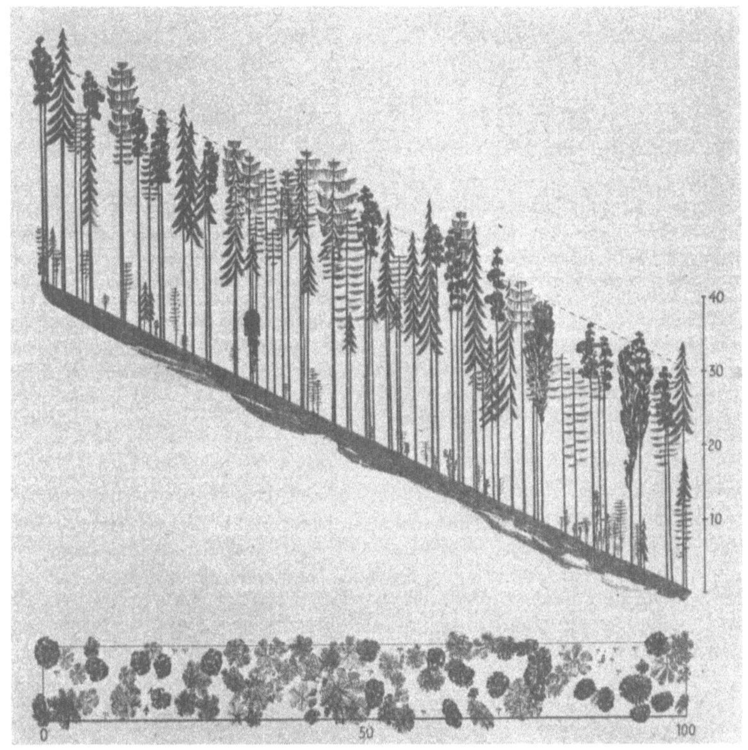

Abb. 10.

KRUMBACH / SCHLOSSBERG (Aspang, Wechsel)

St. : 530 m, steiler NW-Hang, Gneis, tiefgründiger, frischer hochentwickelter Brauner
Waldboden;
Friedberg: 604 m, 8.3° C, 20.2 (—1.9/18.3)° C, 808 mm.

Wg. : Submontaner Fichten-Tannen-Buchenwald mit Föhre, Lärche und Traubeneiche,
Winterlinde, Kirsche, Bergahorn (Schwarzföhre, Edelkastanie); krautreiche Boden-
vegetation, *Oxalis*-Dominanz, auffallend *Cyclamen europaeum*, *Hedera helix*, ferner
Vinca minor, *Asarum europaeum*, *Polypodium vulgare*, Laubwald- und Buchen-Tan-
nenwaldarten.

Lä. : Eingesprengt; wüchsig, gut geformt, feinborkig, mittelbreite Krone, Krebs nur in
jungen Beständen; nahe der Verbreitungsgrenze in der „Buckligen Welt"; Saatgut aus
diesem Bestand wurde beim Internationalen Lärchenherkunftsversuch 1944 verwendet.

Weiter w e s t l i c h, in den dem Kalkgebirge vorgelagerten Flyschbergen (Sandsteine, Klippenhüllflysch) südlich Steyr, kommt die Lärche nur in einer schmalen Zone sporadisch bis eingesprengt vor, wobei montane Fichten-Tannen-Buchenwaldgesellschaften (untere Stufe; z. B. mit Waldgerste und Waldschwingel), nicht aber submontane oder kolline Eichen-Buchenwaldgesellschaften besiedelt werden können (Aufriß S t e y r / S p a t e n b e r g, Abb. 9).

Für die Beurteilung des Gesellschaftsanschlusses der Lärche gilt ähnliches wie im eigentlichen Kalkalpengebiet (Berchtesgaden, Karawanken). Auch hier spielen vorhandene Reliktföhrenwälder (S c h m i d 1936) und Reliktlatschenbestockungen eine wichtige Rolle zum Verständnis der heutigen Lärchenverbreitung im montanen Bereich.

b) Ö s t l i c h e s R a n d a l p e n g e b i e t (Rax—Schneeberg)

M o n t a n e S t u f e

Am Alpen-Ostrand macht sich der illyrisch-pannonische Einfluß bemerkbar, der aber nicht weit ins Gebirge hineinreicht. Im kollinen Flaumeichengebüsch, in den Blaugras-Schwarzkiefernwäldern und im Eichenmischwald, der heute zum Teil durch Weinberge ersetzt ist, fehlt die Lärche in typischen Ausbildungen, nicht dagegen in Übergangsgesellschaften zum Buchenwald (Schwarzkiefer, *Cotinus coggygria*, *Cornus mas*, *Dictamnus albus*). Buchenwälder der unteren, montanen Stufe haben unregelmäßig nur sporadischen Lärchenanteil. In Tannen-Buchenwäldern mit größerer Fichtenbeimengung (obere montane Stufe) ist die Lärche eingestreut, vereinzelt beigemischt, vor allem in den Schneeheide-Föhrenwäldern näherstehenden Entwicklungsstadien. Ähnlich ist wohl ihr Grenzvorkommen im Gneisgebiet der Buckligen Welt in einem submontanen Fichten-Tannen-Buchenwald mit Föhre (Aufriß K r u m b a c h / S c h l o ß b e r g, Abb. 10) zu beurteilen.

S u b a l p i n e S t u f e

Die Fichtenstufe mit mäßigem Lärchenanteil ist orographisch bedingt nicht flächig ausgebildet. Auf den Plateauflächen herrschen Latschenbestockungen. Eine Lärchenstufe fehlt.

Ähnlich wie in den Karawanken ist der Gesellschaftsanschluß der Lärche am Ostalpenrand zu beurteilen. Bis hinein zum Hochschwabgebiet herrschen vergleichbare Verhältnisse.

c) S ü d ö s t l i c h e V o r a l p e n — M i t t e l s t e i r i s c h e R a n d a l p e n (E g g l e r 1952, E c k m ü l l n e r - S c h w a r z 1954)

K o l l i n e S t u f e

Nur unmittelbar am Alpenrand erreicht die Lärche knapp das Areal des mittelsteirischen Eichen-Hainbuchen- und heidelbeerreichen Föhren-Stieleichenwaldes. Sporadisches fluktuierendes Vorkommen der Lichtbaumart ist möglich, auch in den Flaumeichenbeständen (E g g l e r 1941), wenn vitale Lärchenvorkommen in nordseitig gelegenen submontanen Fichten-Tannen-Buchenwäldern mit Föhre benachbart sind, z. B. an der Ruine Gösting bei Graz.

M o n t a n e S t u f e

In Buchenwäldern der *Poa stiriaca* — oder typischen Ausbildung, in grasreichen Tannen-Buchenwäldern z. T. mit *Carex alba*, die den Föhrenwäldern näherstehen (Aufriß W e i z / R a a s b e r g, Abb. 11), sowie in höher gelegenen Fichten-Tannen-Buchenwäldern kommt die Lärche sporadisch bis vereinzelt, seltener beigemischt vor. Über ihren Gesellschaftsanschluß in anthropogen sehr verarmten Fichten-Tannenwäldern könnten erst nähere Untersuchungen Aufschluß geben. Auch hier ist ein Zusammenhang der Lärchenverbreitung mit dem Auftreten von Schneeheide-Föhrenwäldern bzw. eine Begünstigung durch das Vorhandensein entsprechender Reliktstandorte zu beobachten.

Subalpine Stufe

Im allgemeinen ist nur die untere subalpine Fichtenstufe mit durchschnittlich geringer Lärchenverbreitung gut ausgebildet. Die obere subalpine Stufe wird meist von Latschenbestockungen eingenommen.

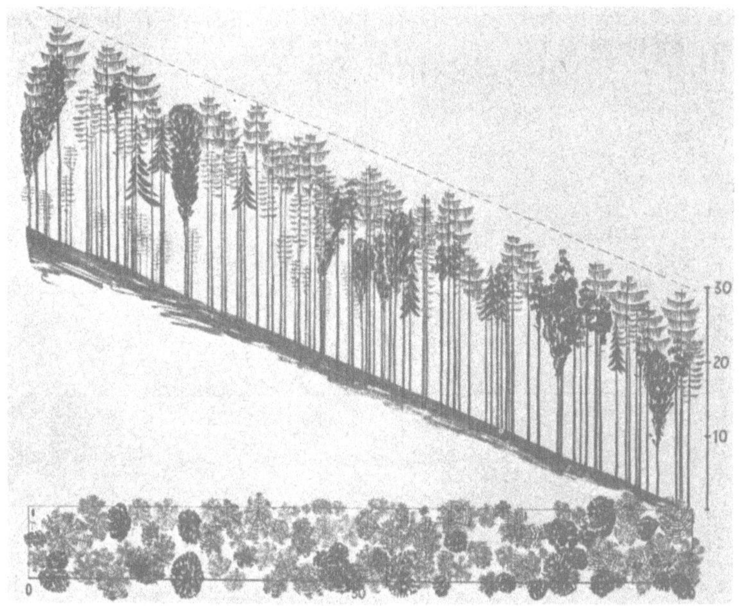

Abb. 11.

WEIZ / RAASBERG

S t : 690 m, mäßig steiler Westhang, Devonischer Kalk; mittelgründiger, mäßig frischer Humuskarbonatboden;
Weiz: 480 m, 8.5⁰ C, 20.6 (—2.1/18.5)⁰ C, 870 mm;

W g. : (Sub)montaner (Fichten⁰-Tannen⁰-) Buchenwald mit Föhre, Lärche, ferner Bergahorn, Mehlbeere, Kirsche; besonders auffallend *Cyclamen europaeum, Calamagrostis variq, Polygala chamaebuxus, Luzula, Erica carnea.*

L ä. : Noch wüchsig, ziemlich starkastig, grobborkig, etwas flechtig, durch fehlende Pflege kleinkronig (T s c h e r m a k : Weizer Marktbuch 1644, Lärche urkundlich als Grenzbaum erwähnt).

Bei geringerem „ozeanischen“ Einfluß bestehen hinsichtlich der Lärchenverbreitung ähnliche Verhältnisse wie in den Karawanken und am übrigen Ostalpenrand. Auch in diesem Gebiet ist die heutige Verbreitung der Lärche anthropogen stark gefördert. Durch Boden- und Vegetationsentwicklung evtl. ausgefallene Vorkommen wurden mehr als ersetzt durch lärchenreiche regressive Entwicklungsstadien, die nach Kahlschlag von Klimax- und klimaxnahen Gesellschaften entstanden.

4. Zusammenfassende Beurteilung des Gesellschaftsanschlusses der Lärche in den Ostalpen (Abb. 12, Tab. 1)

Die Lärche kommt in den Ostalpen vom Fuß des Gebirges in der kollinen Stufe bis hinauf zur Wald- und Baumgrenze am Übergang zur alpinen Stufe vor. Sie ist nicht nur in den Innen- und angrenzenden Zwischenalpen stärker vertreten, sondern — abgesehen von der „Bayerischen Lücke" — auch am nördlichen, östlichen und südlichen Alpenrand im montanen und subalpinen Bereich mit durchschnittlich geringerem Anteil als in den Innenalpen zu finden. Keine Baumart, nicht einmal die Fichte, hat im alpinen Bereich ein so weitgespanntes Verbreitungsgebiet.

Abb. 12. Verbreitung der Lärche in den Ostalpen.

Von der Lärche wird keine eigene Klimaxgesellschaft aufgebaut. Sogar im Lärchen-Zirbenwald der oberen subalpinen Stufe wird sie bei ungestörter Boden- und Vegetationsentwicklung allmählich aus dem Bestandesgefüge verdrängt (A u e r 1947). Sie kann deshalb auch nicht als Klimaxbaumart bezeichnet werden. Im Bereich der subalpinen und oberen montanen Stufe ist die Lärche P i o n i e r b a u m - a r t. In edaphisch bedingten klimaxnahen Gesellschaften bei verringerter Konkurrenzkraft von Fichte und Zirbe kann sie länger mit höherem Anteil gedeihen und in natürlich oder anthropogen bedingten regressiven Entwicklungsstadien vorübergehend vorherrschen. Ausnahmsweise tritt sie am Arealrand im natürlichen Lärchenwiesenwald, einer Dauergesellschaft mit Pioniercharakter, rein auf. In den Vor-

28

alpen hängt bei fehlender oberer subalpiner Nadelwaldstufe die natürliche Verbreitung der Lärche im montanen Bereich weitgehend vom Vorhandensein geeigneter Reliktstandorte ab. Sie müssen der Lärche ein Refugium bieten, wenn sie durch die größere Konkurrenzkraft von Fichte, Tanne und Buche aus den Klimax- und klimaxnahen Gesellschaften verdrängt wird. Stark gegliederte, schroffe Geländeformen und besonders reliktische Schneeheide-Föhrenwälder mit ihren Übergangsgesellschaften gewähren geeignete Standorte.

Obere subalpine Stufe

Die obere subalpine Stufe bietet der Lärche in den Ostalpen nur scheinbar einheitliche Lebensbedingungen. In den Voralpen sind es hauptsächlich Latschenbestockungen, die nicht selten die Waldgrenze erheblich übersteigen und der Lärche nur ein geringes Areal bieten. Lärchenvorkommen in der oberen subalpinen Stufe der nördlichen und südlichen Voralpen sind zwar vergleichbar, aber nicht gleichwertig, da pflanzengeographische Unterschiede bestehen.

In den Nordalpen sind in der subalpinen und benachbarten alpinen Stufe z. B. *Heracleum austriacum, Androsace chamaejasme* und *Saxifraga aphylla* vorhanden, die in den Südalpen fehlen. Ausschließlich für die Südalpen charakteristisch sind *Saxifraga incrustata* und weitgehend *Homogyne silvestris*. Die östlichen Voralpen sind gegenüber dem Rand der Westalpen durch Arten wie *Rhodothamnus chamaecistus, Crepis jacquini* und *Valeriana saxatilis* ausgezeichnet. Das Fehlen typischer westalpiner Arten zeigt wiederum, daß Lärchen aus derselben Assoziation nicht ohne weiteres waldbaulich gleichgestellt werden können.

Die Lärchen-Zirbenwälder der ostalpinen Innenalpen ähneln jenen der Westalpen. Noch merkliche floristische Unterschiede bestehen zwischen den ostalpinen Gesellschaften der Höhenstufe in den Zwischen- und Innenalpen. Die Lärchen-Zirbenwälder der südlichen Berchtesgadener Kalkalpen sind z. B. gegenüber denen des hinteren Ötztales klimatisch bedingt reicher an Moosen, gut entwickelten Vaccinienteppichen und sonstigen hygrophilen Arten, abgesehen von den basiphilen *Rhodothamnus chamaecistus* und *Rhododendron hirsutum*. Es fehlen im Norden typisch boreal-kontinentale Arten, wie *Linnaea borealis*, verschiedene *Cladonia*-Arten, *Senecio abrotanifolius* ssp. *tirolensis, Astragalus*-Arten und andere. In Berchtesgaden ist die Vitalität der *Rhododendron ferrugineum*-Zwergstrauchschicht reduziert und die Wuchskraft von Zirben gedrosselt. Lärchen der beiden Gebietsausbildungen der gleichen Gesellschaft dürfen also nicht ohne weiteres gleichartig beurteilt werden.

Untere subalpine Stufe

Einheitlich tritt in der unteren subalpinen Stufe der Ostalpen der Fichtenwald auf, dem sich die Lärche auf weiten Flächen mit mäßigen Mengen anschließt. So einförmig die oft reinen Fichtenwälder aufgebaut sind, so zeigen sich nach Vegetationsgefüge und Entwicklung doch Unterschiede (Mayer 1959), die auch zur Beurteilung der Lärche im subalpinen Fichtenwald aufschlußreich sind.

In den nördlichen Voralpen ist die subalpine Fichtenwaldstufe schmal, zum Teil fragmentarisch ausgebildet oder nur angedeutet. Es überwiegen moos- und krautreiche Gesellschaften, die in Kontakt zu Latschenbestockungen und Fichten-Tannen-Buchenwäldern stehen und so die relativ ozeanische Alpenrandlage widerspiegeln. Die besondere Stellung der Lärche ist floristisch durch den noch reichlicher vorkommenden Bergahorn, durch häufiger eindringende Laubwaldarten (*Aposeris foetida*, Farne) und Tannen-Buchenwaldarten (*Prenanthes purpurea*)

Tabelle 1: Gliederung des Lärchenvorkommens in den Ostalpen
nach Klimax-(Leit-)Gesellschaften

Höhenstufe	Nördliche Voralpen	Nördliche Zwischenalpen	Innenalpen	Südliche Zwischenalpen	Südliche Voralpen
hochsubalpin	Latschen-bestockungen	Zirben-Lärchenwald	Lärchen-Zirbenwald	Zirben-Lärchenwald	Latschen-bestockungen
tiefsubalpin	Fichtenwald	Fichtenwald	Fichtenwald	Fichtenwald	(Tannen-Buchen-) Fichtenwald
hochmontan	Fichten-	Fichten-	Montaner	(Tannen-)	Fichten-Tannen-Buchenwald
	Tannen-	Tannenwald	(Tannen-)	Fichtenwald	
tiefmontan	Buchenwald	(Buche)	Fichtenwald	(Buche)	Buchenwald
			(Föhrenwald)		
kollin	(Eichen-) Buchenwald	(Linden-Eichenwald)	(Eichen-mischwald)	(Eichen-mischwald)	Thermophiler Laubmischwald

gekennzeichnet. Für den subalpinen Fichtenwald am Arealrand ist auch ein geringes Vorkommen der Lärche typisch. Dagegen kann in den n ö r d l i c h e n Z w i - s c h e n a l p e n das Lärchenvorkommen im subalpinen Fichtenwald charakterisiert werden durch eine normal entwickelte breite Fichtenstufe mit vorherrschend artenarmen, aber zwergstrauchreichen Gesellschaften, Kontakt zum Fichten-Tannenwald, seltener auch zum Lärchen-Zirbenwald sowie durch die Lage im klimatischen Übergangsbereich von der ozeanischen Alpenrandlage zum kontinentalen Inneren. Beim nord—südlichen Vegetationsgefälle nimmt der xerophile Charakter des subalpinen Fichtenwaldes zu.

Im subalpinen Fichtenwald der I n n e n a l p e n nimmt die Lärche eine zentrale Stellung ein: Gut ausgebildete Nadelwaldstufe, Kontakt zum Lärchen-Zirbenwald und montanen Fichtenwald bei kontinentalem Klimacharakter. Nachbarschaft zu Tannen- und Buchenwäldern besteht nicht. Trotz der Ähnlichkeit west- und ostalpiner Fichtenwaldgesellschaften im Zentralgebiet (siehe O n n o 1954) sind auch im West—Ost-Vegetationsgefälle (Wallis—Engadin—Hohe Tauern— Niedere Tauern) durch abnehmende Massenerhebung, Steigen der Sockelhöhe und wechselnden Klimacharakter Unterschiede bedingt. Sie zeichnen sich weniger auffällig im physiognomisch einheitlichen Fichtenwald selbst ab als vielmehr durch das Verschwinden begleitender Föhrenwälder, eine Arealausweitung des Fichtenwaldes und durch eine flächigere Kontaktzone zu den montanen Tannen- und Buchenwäldern.

Der Lärche im subalpinen Fichtenwald des s ü d l i c h e n Z w i s c h e n - a l p e n g e b i e t e s kommt wieder eine Übergangsstellung zu, während die Lichtbaumart im Fichtenwald der s ü d l i c h e n V o r a l p e n (Karawanken, A i c h i n g e r 1933) nicht mit den Lärchenvorkommen der Innen- oder nördlichen Voralpen gleichgestellt werden kann, wie folgende Beurteilungspunkte zeigen: fragmentarisch ausgebildete Stufe, Kontakt mit illyrisch beeinflußten Tannen-Buchenwäldern, Auftreten von südalpinen Arten, wie *Anemone trifolia, Homogyne silvestris.*

Montane Stufe

In der unteren und oberen montanen Stufe der Ostalpen ist schon innerhalb der nord—südlichen Querprofile durch den verschiedenen Gesellschaftsanschluß der Lärche eine auffälligere Differenzierung ersichtlich. Von den Fichten-Tannen-Buchenwäldern der V o r a l p e n über die Fichten-Tannenwälder der Z w i - s c h e n a l p e n zu den montanen (Tannen-)Fichtenwäldern der I n n e n a l p e n erfolgt eine laufende Verarmung der Gesellschaften. Dem örtlichen Kontinentalitätsgefälle entsprechend fallen Buche und zum Teil auch Tanne immer mehr aus; einer Verarmung an Fagion-Charakterarten entspricht eine Arealausweitung von Fichte und Nadelwaldarten (vgl. K u o c h 1954; ausführliche Darstellung siehe M a y e r 1961). Durch den Anschluß an verschiedene Gesellschaften ist die wechselnde Stellung der Lärche hinreichend charakterisiert. Zwischen den Verhältnissen in der unteren und der oberen montanen Stufe bestehen weitere Unterschiede.

Zur waldbaulichen Beurteilung von alpinen Tieflagenlärchen gibt das Vorkommen in den F i c h t e n - T a n n e n - B u c h e n w a l d g e s e l l s c h a f t e n d e s n ö r d l i c h e n, ö s t l i c h e n u n d s ü d l i c h e n A l p e n r a n d e s näheren Aufschluß. T s c h e r m a k (1935) hat die ungefähre Verbreitung der Mischung Lärche - Buche kartenmäßig dargestellt (Abb. 12). Wenn auch das Großklima in diesem Bereich gewisse übereinstimmende Züge aufweist und einzelne Arten in den

Tannen-Buchenwäldern ziemlich durchgehend auftreten *(Aposeris foetida, Helleborus niger, Cyclamen europaeum)*, so können doch gebietsweise Unterschiede festgestellt werden, die eine Unterteilung des Areals ermöglichen und damit auch das Lärchenvorkommen im Fichten-Tannen-Buchenwald des Alpenrandes differenzieren.

Schweizer Voralpen

Lärche fehlt; Tannen-Buchenwälder mit Arten, die ostalpin weniger in Erscheinung treten oder ausbleiben *(Tamus communis, Asperula taurina, Cardamine heptaphylla, Daphne laureola);* Vorkommen der Lärche im Tannen-Buchenwald bei Chur ist schon zum Zwischenalpenbereich zu rechnen; Reliktföhrenwälder selten; waldgeschichtlich mußte sich die später einwandernde Fichte gegen herrschende Tannenwälder durchsetzen.

Vorarlberg

Kleinflächige Reliktvorkommen der Lärche auf Dauergesellschaftsstandorten in Nachbarschaft von vitalen Fichten-Tannen-Buchen- und Fichten-Tannenwaldgesellschaften, z. B. Mellau; ozeanische Arten z. T. häufig, *Ilex aquifolium* manchmal als Unkraut.

Bayerisches Randalpengebiet zwischen Bodensee und Inn

Lärche fehlt bzw. gegen Osten allmähliches Auftreten, besonders in der Nähe diluvialer Refugien-Areale von klimatisch anspruchsvolleren Arten (z. B. Tegernsee/Wallberg, Rofan, Merxmüller 1952—54); nur schwaches Vorkommen von Reliktföhrenwäldern, Gebiet pflanzengeographisch als „Bayerische Lücke" bekannt; Fichten-Tannen-Buchenwald vorherrschend mit *Elymus europaeus, Festuca silvatica* und *Luzula silvatica* sowie *Allium ursinum;* gegen Osten abnehmend *Adenostyles alliariae*, gegen Westen abnehmend *Adenostyles glabra;* gegen Osten verstärkt sich der boreale Nadelwaldcharakter des montanen Mischwaldes.

Berchtesgaden

Erstmals stärkeres Auftreten von Lärche im montanen Bereich; bevorzugtes Lokalrefugium der Diluvialzeit mit manchen disjunkt verbreiteten südalpinen Arten *(Lamium orvala, Aquilegia einseleana); Helleborus niger* und *Cyclamen europaeum* treten erstmals stärker auf; von hier aus nach Osten *Primula clusiana; Adenostyles glabra-* und *Carex alba-*Fichten-Tannen-Buchenwälder dominierend; die „westlichen" *Festuca silvatica-* und *Elymus europaeus* Tannen-Buchenwälder mit geringerer Vitalität sind nicht mehr unabhängig von geologischer Unterlage und mehr auf nadelbaumfördernde Gesteine beschränkt.

Salzkammergut

Stärkeres Vorkommen von „atlantischen" Arten; *Ilex aquifolium* aber nicht mehr so häufig wie in Vorarlberg; ausklingende Lärchenverbreitung im niederschlagsreichen oberösterreichischen Seengebiet; kleinerer Lärchenanteil als in Berchtesgaden; Reliktföhrenwälder (Weinmeister 1956) begrenzt auftretend; Lärche stärker an Reliktstandorte gebunden als in Berchtesgaden; Eibensteilhangwald mit *Coronilla emerus;* gut ausgebildete Lindenmischwälder fast „westlichen" Typs am Traunsee; gleichzeitig aber reliktische *Juniperus sabina-*Einzelstandorte in montaner Lage.

Steyr — Lilienfeld

Typisches Übergangsgebiet; relativ reichliches Lärchenvorkommen; *Ilex aquifolium* ausfallend; pannonischer Einfluß macht sich geltend; *Festuca drymeia* tritt bereits auf; Ennsknie bevorzugtes diluviales Lokalrefugium; gleichzeitig Beginn des bis zum Wienerwald reichenden diluvialen Großrefugiums, das die Erhaltung „konservativer Endemiten" begünstigte; ostalpine Tannen-Buchenwälder überwiegend mit *Cyclamen europaeum, Helleborus niger* und *Carex alba.*

Ostalpenrand

„Grasreiche" Tannen-Buchenwälder mit *Festuca drymeia, Carex pilosa, Melica uniflora, Cerastium silvaticum;* Kontakt zum pannonischen Eichenwald mit *Quercus pubescens* und *Quercus cerris* sowie zum illyrischen Schwarzföhrenwald mit *Cytisus-, Inula-*Arten u. a.,

Cotinus coggygria, Colutea arborescens; diluviales Hauptrefugium der Alpen in Breite der heutigen Buchen-Lärchen-Mischzone; niederösterreichischer Schwarzföhrengau mit vielen pannonischen Elementen; siehe W a g n e r - W e n d e l b e r g e r 1956.

S t e i e r m a r k

Übergang vom pannonischen zum illyrischen Einflußbereich; kennzeichnende Arten: *Poa stiriaca, Pulmonaria stiriaca, Helleborus dumetorum;* steirische Gebietsausbildung mit benachbarten kroatischen Elementen *(Chrysanthemum cinerariifolium)* kroatischer Gau.

K ä r n t e n

Kontakt zum illyrischen Laubmischwald mit *Ostrya carpinifolia, Fraxinus ornus, Laburnum vulgare;* Tannen-Buchenwald mit „illyrischen" Elementen, wie *Lamium orvala, Homogyne silvestris, Anemone trifolia, Hacquetia epipactis;* Schwarzföhrenreliktwälder; Dinarischer Gau nach S c h a r f e t t e r.

D o l o m i t e n - T e s s i n

Insubrisch-Tridentinisch-Karnischer Gau; submediterrane Inseln *(Quercus ilex);* Kastanien- und Buchenwälder mit *Laburnum alpinum;* Kontakte zum Steineichen-Gürtel *(Cistus salviifolius),* Kirschlorbeer-Gürtel *(Ruscus aculeatus)* und Ginster-Heidekraut-Gürtel (Genisteen) im Sinne von S c h r ö t e r - S c h m i d 1956; in den Französischen Alpen sogar Kontakt der Lärche mit der Aleppo-Kiefer (F o u r c h y 1952).

Die Fichten-Tannen-Buchenwaldgesellschaften des ostalpinen Randgebietes mit natürlichem Lärchenanteil können nach Aufbau, Entwicklung, Kontaktgesellschaften und pflanzengeographischer Stellung nicht einheitlich beurteilt werden. Von Westen nach Osten erfolgt ein allmählicher Übergang von süddeutsch-mitteleuropäischen zu pannonischen Ausbildungen im Norden, von submediterranen zu illyrischen im Süden. Dabei weisen die Ausbildungen im Süden und Osten stärkere Berührungspunkte zueinander auf als die nördlichen zu den östlichen. Es ist deshalb wahrscheinlich, daß auch die Lärche entsprechend der pflanzengeographischen Differenzierung gewisse biologische Unterschiede aufweist, trotz ihres Anschlusses an Tannen-Buchenwaldgesellschaften mit ähnlichem biologisch-ökologischen Gesamtcharakter.

Den Tannen-Buchenwäldern im Schweizerischen West-Ostalpen-Übergangsgebiet entsprechen im Osten Fichten-Tannen-Buchenwälder. Dem Tannenwald steht ein Fichten-Tannenwald bzw. ein Tannen-Fichtenwald gegenüber, wobei gerade das spezifische Verhalten der Untergesellschaften von Westen nach Osten *(Luzula silvatica* → *Luzula nemorosa; Festuca silvatica* → *Festuca drymeia; Adenostyles alliariae* → *Adenostyles glabra)* den zunehmend boreal-kontinentalen Charakter beweist.

Da von Westen nach Osten mit dem stärkeren Eindringen von Fichte und Nadelwaldarten in die montanen Mischwälder gleichzeitig der Lärchenanteil steigt, ist für die Beurteilung der Lärchenverbreitung neben dem soziologischen Tatbestand auch die Waldgeschichte der montanen Stufe zu berücksichtigen.

5. G r u n d l a g e n d e r L ä r c h e n v e r b r e i t u n g i n d e n O s t a l p e n

Für die Beurteilung des Areals einer Baumart sind historische, ökologische und auch genetische Gesichtspunkte maßgebend (W a l t e r 1950). Neben der morphologischen und physiologischen Konstitution spielt die Frage der Konkurrenzkraft besonders bei Lichtbaumarten in den Grenzbereichen eine entscheidende Rolle. Infolge des komplexen Einwirkens der verschiedenen Faktorengruppen auf die Arealgestaltung ist es notwendig, bei der Analyse von

Einzelfaktoren deren direkte und indirekte Wirkung und die Stellung des Einzelfaktors im Faktorenkomplex abzuschätzen. Erst eine zusammenfassende Betrachtung aller Faktoren kann versuchen, die wichtigsten arealgestaltenden Prinzipien herauszustellen. Die Darstellung der Lärchenverbreitung auf soziologischer Grundlage trägt diesen komplexen Beziehungen bereits Rechnung. Um der Gefahr von Fehlschlüssen bei der Auswertung rein floristisch-arealkundlicher Erhebungen zu begegnen, ist gleichzeitig stets der Komplex Standort zu berücksichtigen, um den effektiven Zeigerwert der Standortspflanzen — „Ersetzbarkeit der Umweltfaktoren" (A i c h i n g e r) bzw. „Relative Standortskonstanz" (W a l t e r) — ansprechen zu können (vgl. P a s s a r g e 1954).

a) E n t s t e h u n g   d e s   A r e a l s

Gegen Ende der Tertiärzeit (Pliozän) ist mit Einbruch einer kühleren Periode die Lärche zusammen mit *Picea excelsa, Pinus cembra, Alnus viridis, Sambucus racemosa, Lilium martagon* aus Sibirien nach Mitteleuropa und auch i n   d i e   A l -
p e n   e i n g e w a n d e r t   (S c h a r f e t t e r 1953). Während der verschiedenen Eiszeiten wurde die Lärche aus den Alpen in wärmere und tiefere Lagen abgedrängt, wobei sie in den Interglazialzeiten wieder Besitz von ihrem alpinen Areal nahm, wie fossile Funde in der Höttinger Breccie bei Innsbruck beweisen. Eiszeitliche Funde in Frankreich (Nancy), Deutschland (Hainstadt/Main), Schweiz (Uznach) und Ungarn (Donau-Theißgebiet) zeigen, daß die Lärche die Eiszeiten nicht nur im unmittelbaren Vorfeld der Alpen am Gletscherrand, sondern auch in einem Keil subarktischer Kiefern- und Lärchenwälder (S a x e r 1955) zwischen nordischer und alpiner Vereisung überdauern konnte. Ähnlich wie die Fichte dürfte auch die Lärche (bis in die Rißeiszeit noch von der Zeder begleitet, siehe G a m s 1956, M a y e r 1958) am Alpensüdrand in 900—1100 m Höhe die Eiszeiten über den Talgletschern überdauert haben (L o n a 1950). Von dort ist sie dann frühpostglazial (präboreal-boreal) ins Alpeninnere eingedrungen und später auch über die Alpenpässe nach Norden gewandert. Das größte alpine Diluvial-Refugium stellt wohl der unvergletschert gebliebene Alpenostrand dar (Karte siehe R u b n e r 1954). Bevorzugte diluviale Lokalrefugien alpiner Flora am Alpenrand, die an alpennah gelegenen Nahtstellen verschiedener Gletschersysteme liegen (M e r x - m ü l l e r 1952) (z. B. Ennsknie, Berchtesgadener Kalkalpen, Tegernsee), dürften für die klimatisch anspruchsvollere Lärche ebenfalls günstige Überdauerungsmöglichkeiten gegeben haben. In den Westalpen scheinen die Erhaltungsgebiete kleinflächiger gewesen zu sein.

Die W i e d e r b e s i e d l u n g   d e r   A l p e n   durch die Lärche n a c h   d e r   W ü r m - E i s z e i t   erfolgt von verschiedenen näheren und entlegeneren Erhaltungsgebieten aus. G a m s (1927) konnte pollenanalytisch für Lunz (Niederösterreichische Kalkalpen) bald nach dem Föhren-Maximum ein H ö c h s t m a ß   d e r   L ä r c h e n v e r b r e i t u n g   feststellen. Boreal dürfte die Lärche die größte Verbreitung erreicht haben. Im Gebiet der mittleren Ostalpen (Kitzbüheler Alpen/ Hohe Tauern) waren damals Lärche und Zirbe im dominierenden *Pinus*-Wald *(P. silvestris/mugo)*, z. T. zusammen mit *Pinus cembra*, auch in der heutigen montanen Stufe weit verbreitet. Am Ende der präborealen Zirben-Föhren-Zeit (IV-V) war in den Chiemgauer Alpen (Profil Winklmoos, M a y e r 1959) die Lärche stärker vertreten als in der jetzigen Waldbauzeit nach starker anthropogener direkter und indirekter Begünstigung. In den Schweizerischen Alpen (Aletschgletscher, W e l t e n 1958) scheint die Lärche später als in den Ostalpen zu einer maximalen Verbreitung gekommen zu sein, wobei ihr Vordringen in die nördlichen Voralpen durch die schon herrschenden Tannenwälder unterbunden wurde.

Während der älteren (VI) und jüngeren (VII) Fichten-Eichenmischwaldzeit des Atlantikums büßte in den Ostalpen, als Fichtenwälder ziemlich eintönig im heutigen montanen und subalpinen Bereich vorherrschten, die Lärche erheblich an Areal ein. Zur Zeit der vitalen Entwicklung montaner Mischwälder mit Buche und Tanne im Subboreal (VIII) und im älteren Subatlantikum (IX, Buchenzeit) ist die Lärche in den Chiemgauer und Kitzbüheler Alpen sowie in den Hohen Tauern pollenanalytisch sporadisch und unregelmäßig, aber noch durchgehend nachzuweisen. Das Areal der Lichtbaumart muß damals kleiner gewesen sein als heute, denn erst in der heutigen Fichten-Föhrenzeit (X) kann *Larix* wieder durch zusammenhängende Kurven nachgewiesen werden, wobei jetzige Pollendurchschnittswerte mehrfach höher sind als vor Einsetzen des anthropogenen Einflusses.

Rezente Arealbeschränkungen, wie sie für die alpine Flora auf Grund mangelhafter Rückwanderung, z. B. in der „Bayerischen Lücke" (Inn-Iller), heute noch bestehen, sind für die Lärche nicht anzunehmen, auch wenn gerade am bayerischen Alpenrand diluviale Verarmungsgebiete der alpinen Flora ohne oder nur mit sporadischem Lärchenauftreten und eine Häufung der Refugien mit stärkerem Lärchenvorkommen zusammenfallen.

Eng verknüpft mit der Arealentstehung ist die g e n e t i s c h e   D i f f e r e n z i e r u n g[1] der Alpenlärche, die in taxanomischer Hinsicht nicht offenkundig, aber durch vergleichende Anbauversuche nachgewiesen ist. Während der prä- bis frühdiluvialen Zeit, in der die Sippengliederung der meisten Pflanzen im Alpenraum anzusetzen ist (M e r x m ü l l e r 1952), dürfte auch die genetische Differenzierung der Lärche eingesetzt haben. Durch die mehrmalige Verdrängung der Lärche aus dem Alpenraum während der Eiszeiten ging im zentralen Alpenteil die ursprüngliche genetische Differenzierung größtenteils verloren, da bei der Lichtbaumart Lärche allein die Arealausweitung (nach Ausfall der Klimaxgesellschaften aus Schattbaumarten) ein Wandern im üblichen Sinne darstellt. Für die Rückwanderung in die höheren Lagen kamen nur gletschernahe Herkünfte (ehemals Tieflagenherkünfte) in Frage. Die alpenferneren Vorkommen des Hochglazials gingen dann interglazial wieder durch die Konkurrenz der Schattbaumarten zugrunde. W. W e t t s t e i n (1942/1946) nimmt zur Erklärung der genetischen Differenzierung nun an, daß von Lokalrefugien im Alpengebiet primär die Hochlagen, die später eisfrei werdenden Täler und Tieflagen aus dem Voralpengebiet besiedelt werden. Die Annahme einer so schematisch erfolgten Wiedereinwanderung der Lärche dürfte nicht den vielfältigen Möglichkeiten gerecht werden. Nicht ausgeschlossen ist außerdem, daß die Lärche von den höher gelegenen Refugien im Südteil der Alpen, ähnlich wie Fichte, günstigere Besiedlungsmöglichkeiten für die inneralpinen Hochlagen, selbst für die nördlichen Zwischenalpen hatte. Die Lärchen der Großrefugien am östlichen (Wienerwald) und am südöstlichen Alpenrand (Kärnten, Steiermark) sowie der lokalen Kleinrefugien (Ennsknie, Berchtesgadener Kalkalpen) dürften während der Eiszeiten ihren Standort ziemlich behauptet haben, so daß auch ihre ursprüngliche genetische Differenzierung weniger gestört wurde. Diesen „vordiluvialen" Reliktlärchen gebührt deshalb besondere Aufmerksamkeit (R u b n e r 1954). Über eingehende Untersuchungen der alpinen Föhren-Biound Ökotypen sind auch für Lärche nähere Aufschlüsse zu erwarten. Manche Fragen sind kaum lösbar, denn die Zufallsbedingtheit der Arealentstehung und genetischen Differenzierung (z. B. Isolationseffekt) ist kaum abschätzbar. Man muß mit dem Vorkommen verschiedener Rassengemische rechnen.

Das   h e u t i g e   L ä r c h e n a r e a l   entspricht nur in den seltensten Fällen einem „ursprünglichen". Seit rund 2000 Jahren dauert der anthropogene Einfluß an, so daß nur in wenigen Naturwaldresten oder in unzugänglichem Felsgelände noch eine „natürliche" Lärchenverbreitung gegeben ist. T s c h e r m a k (1935) nimmt eine bescheidene Vergrößerung des Vorkommens an. Innerhalb des alpinen Areals war aber tatsächlich die Zunahme der Lärche infolge menschlichen Einflusses bei den Klimaxgesellschaften (bes. Fichtenwald) erheblich, weniger zwar am Alpenrand (B ü l o w 1950) als im Inneralpengebiet. Nach pollenanalytischen Be-

---

[1] Über waldbaulich zu unterscheidende Alpenlärchenherkünfte und deren Anbaueignung wird gesondert berichtet (Forstw. Cbl. 1961).

funden kann man eine zwei- bis vierfache Arealausweitung annehmen. Forstgesellschaften und regressive Entwicklungsphasen von Schlußwaldgesellschaften nach Kahlschlag oder Brand, sowie Lärchwiesen sind wesentlich lärchenreicher als unberührte Schlußwaldgesellschaften vergleichbarer Standorte. An der Arealgrenze gibt es sicher manche Vorkommen, die ohne menschlichen Einfluß während der letzten 2000 Jahre erheblich an Fläche eingebüßt hätten, wenn nicht gar erloschen wären. Die Lärche als Pionierbaumart ist alles andere als ein „Kulturflüchter". Auf Standorten von Klimaxgesellschaften ist sie geradezu ein Kahlschlagzeiger.

b) S t a n d o r t

R e l i e f

Wie schon der sehr unterschiedliche Gesellschaftsanschluß der Lärche erkennen läßt, ist die v e r t i k a l e   V e r b r e i t u n g weit gespannt; tiefe Vorkommen: Chur 600 m, Tiroler Unterinntal 500 m, Untersberg 450 m, Weyer 400 m, Neulengbach 300 m (Eichberg 240 m), Bozen—Belluno 300—400 m; höchste Vorkommen: Engadin 2400 m, Ötztal 2300 m, Tauern 2100 m, Berchtesgadener Kalkalpen 2000 m, nordöstliche Voralpen und Ostalpenrand 1600—1900 m. Die Spanne reicht also von 300—2400 m Höhe. In den Innenalpen werden mit Zunahme der Massenerhebung höhere Grenzwerte erreicht. Von den Innenalpen zu den Voralpen und von Westen nach Osten sinken die oberen Grenzwerte. Am östlichen und südlichen Alpenrand mit tieferer Sockelhöhe werden die niedrigsten Werte erreicht.

Mit annähernd gleicher Menge werden in der subalpinen Stufe der Innen- und Zwischenalpen alle H a n g r i c h t u n g e n besiedelt. In der montanen Stufe der Voralpen tritt die Lärche häufiger an Schattseiten auf, während Sonnseiten nur geringen Anteil aufweisen. Besonders deutlich ist dies im warm-trockenen submontanen Übergangsbereich des südlichen Alpenteils, wo die unterschiedliche Besiedlung von Nord- und Südseiten ausgeprägter als am nordöstlichen Alpenrand ist.

Allgemein ist die Lärche auf Standorten montaner und subalpiner Schlußgesellschaften bei steilen bis sehr steilen Hangneigungen stärker als an mäßig geneigten bis ebenen Lagen vertreten. O b e r f l ä c h e n f o r m e n, wie konvexes, unruhiges, stark gegliedertes Relief, Abstürze, Rippen, Rücken und Kanten, sind vom Alpeninneren zum Alpenrand und von der subalpinen zur montanen Stufe zunehmend lärchenreicher als konkaves Relief mit sanft gemuldeten und ausgeglichenen Formen. Relief, das Schlußwaldgesellschaften begünstigt und damit die Wettbewerbsfähigkeit der Schattbaumarten gegenüber der Lichtbaumart erhöht, besitzt relativ geringen Lärchenanteil, extreme Reliktstandorte haben einen höheren Lärchenanteil. Auch bei schluchtigem Gelände und klammartigen Einschnitten, z. B. in den Berchtesgadener Kalkalpen und den Karawanken, tritt die Lärche trotz luftfeuchten Lokalklimas noch auf. Für das Massenvorkommen in inneralpinen Ost—West-Längstälern und sporadische Auftreten in randalpinen Nord—Süd-Quertälern sind nicht Relieffaktoren ausschlaggebend, sondern in erster Linie unterschiedliche Klimaverhältnisse, die wiederum sehr wechselnde Konkurrenzverhältnisse durch verschiedenen Gesellschaftsanschluß verursachen.

G e o l o g i e

Das Vorkommen der Lärche ist von der g e o l o g i s c h e n   U n t e r l a g e unabhängig. Fehlgebiete, wie sie bei der Zirbe auf Kalkglimmerschiefer(-phyllit) oder Bündnerschiefer auftreten sollen (K l e b e l s b e r g 1952), existieren nicht. Die verschiedensten Unterlagen tragen Lärchenbestockungen, angefangen von den ältesten bis zu den jüngsten Bildungen (paläozoische vom Kambrium oder Perm, mesozoische der Trias, von Jura und Kreide sowie neozoische aus Tertiär und Quartär). Nur alluviale Hoch- und Niedermoorstandorte sind lärchenfrei, wenn man von Ausnahmen absieht (Berchtesgadener Kalkalpen).

Doch nicht auf allen geologischen Schichten tritt die Lärche gleich häufig auf. Ähnlich wie man laubbaumfördernde (Kalkgesteine, Molasse-Nagelfluh, Moränen, Flyschsandsteine) und nadelbaumfördernde (Fichte, Tanne; Flyschschiefer, vor allem tonreiche Gesteine) Unterlagen trennt (vgl. K u o c h 1954), kann man auch für die Lärche bei vergleichbaren Verhältnissen (z. B. Berchtesgadener Kalkalpen, Randgebirgsklima, montane Stufe) eine G e s t e i n s g r u p p e   m i t   s t ä r k e r e m   n a t ü r l i c h e n   A u f t r e t e n (Hartkalke wie Ramsaudolomit, Dachsteinkalk) und solche   m i t   g e r i n g e r e r   L ä r c h e n v e r b r e i t u n g unterscheiden (Mergelkalke, wie Werfener Schichten, Haselgebirge, Lias-Dogger besonders Mergelfazies, Roßfeldschichten, Gosaukreide, tonreiche Flysch-Fazies). Lärche und Buche verhalten sich ähnlich. Die Grundgesteine selbst sind aber nur mittelbare Ursache. Hartkalke mit unruhigem Relief, besser durchlüfteten und weniger entwickelten Böden schaffen für die Lärche gegenüber Laub- und besonders Nadelbäumen günstigere Wettbewerbsverhältnisse als Mergelstandorte mit ausgeglichenem Relief und frischen, feinerdereichen und dichteren Böden, die Tanne und Fichte im Wachstum relativ stärker fördern.

Im nördlichen Zwischenalpengebiet ist z. B. in den Loferer und Leoganger Steinbergen (alpine Trias mit Ramsau- und Hauptdolomit, Dachsteinkalk) der Lärchenanteil ungleich höher als in den unmittelbar südlich anschließenden Kitzbüheler Alpen mit Wildschönauer Tonschiefer und Pinzgauer Phyllit, worauf schon D a l l a   T o r r e (1909) hingewiesen hat. Die feinerdereichen zur Wechselfeuchtigkeit neigenden Standorte begünstigen die Konkurrenz von Fichte und Tanne. Infolge Neigung zur oberflächlichen Bodendichtlagerung wird selbst bei Ausschaltung der Konkurrenz nur schwache Lärchenverjüngung erzielt. Erst im Quarzphyllitgebiet tritt neben der Zirbe die Lärche etwas stärker auf.

M o r a n d i n i (1956) berichtet aus Südtirol, daß die Lärche auf Granit und Gneis weniger häufig als auf quarzitischen Unterlagen siedelt. Im kontinentalen Inneralpengebiet (z. B. Lungau, Hohe Tauern), in dem nur die Fichte ihre Hauptkonkurrentin ist, verwischen sich Unterschiede im Auftreten der Lichtbaumart auf tonig verwitternden Gesteinen wie Kalkglimmerschiefer. Phyllit oder sandig-lehmig verwitternden Gesteinen wie Quarzit und Granit, da die Konkurrenzlage für die Lärche allgemein günstiger ist als im Voralpengebiet.

B o d e n

Die Lärche gedeiht auf den verschiedensten B o d e n a r t e n (nahezu „bodenvag"): Blockboden (Block-Lärchenwald), Grob- und Feinschuttboden, Sand-, Lehm- und Tonboden. Ebenso kann sie, wie aus dem wechselnden Gesellschaftsanschluß hervorgeht, nahezu alle vorkommenden B o d e n t y p e n besiedeln: Karbonat- und Silikatrohboden (Ranker), Humuskarbonatboden, Rendzina (Mergel), Humussilikatboden, Braunerde und Podsolboden. Unterschiede hinsichtlich Entwicklungsgrad, Herkunft, mineralischer Zusammensetzung und Gründigkeit spielen in weiten Grenzen für das Vorkommen der Lärche keine Rolle, wohl aber für ihre Wuchsleistung. Organische und anorganische Naßböden, besonders Gley- und gleyartige Böden, besiedelt sie praktisch nicht, da andere Baumarten wesentlich konkurrenzfähiger sind. Große Schwankungen in der B o d e n a z i d i t ä t von sehr stark sauer bis alkalisch, im N ä h r s t o f f r e i c h t u m von oligotroph bis eutroph und in den B o d e n f e u c h t i g k e i t s v e r h ä l t n i s s e n von trocken bis sehr frisch treten im Lärchenareal auf, wobei wechselnder Klimacharakter, besonders unterschiedliche Niederschläge die vergleichende Betrachtung erschweren. Die **H u m u s f o r m** ist für das Vorkommen der Lärche nur indirekt von Bedeutung, da ihr Ankommen und Fußfassen in dicken Rohhumuspolstern unmöglich ist. Mittlere **B o d e n f e u c h t i g k e i t** begünstigt Wuchs und Form der Lichtbaumart.

Auf unentwickelten Böden mit geringer Humusauflage zeigt die Lärche größere Verjüngungsfreudigkeit (D u c h a u f o u r 1952). Extreme edaphische Verhältnisse beeinträchtigen das Wachstum der Lärche. So ist ihr geringwüchsiges Vorkommen in der montanen Stufe auf trockenen, flachgründigen, wenig entwickelten Kalkrohböden (Ranker) nur möglich, weil die Wettbewerbsfähigkeit der Schattbaumarten herabgesetzt und weil die Lärche mit der Föhre konkurrenzfähig ist. Wird aber ein gewisses Minimum an Bodenfrische, das je nach Standort wechseln kann, unterschritten, so ist eine absolute physiologische Grenze des Lärchenvorkommens erreicht, wie ihr Fehlen in den extremen *Carex humilis* - Föhrenwäldern zeigt. Wenn auch die Lärche im anderen Extrembereich auf frisch-nassen, sehr feinerdereichen Böden noch lebensfähig ist, so fehlt sie meist, weil die Schattbaumart Fichte durch zusagendere physiologische und ökologische Verhältnisse wesentlich wüchsiger ist. Die „Vorliebe“ der Lärche für mäßig frische, sandig-lehmige, gut durchlüftete Böden und Hanglagen ist nur scheinbar. Auf Standorten mit Neigung zur Bodentrockenheit wird sie gegenüber Fichte und Tanne (Buche) in der Konkurrenzkraft weniger beeinträchtigt, während das physiologische Optimum für diese Baumarten auf frischeren, lehmigen Standorten erreicht wird. Da sich Lärche und Buche gegenüber den Bodenfaktoren ähnlich verhalten, fehlen beide Baumarten in Fichten-Tannenwäldern, die edaphisch bedingt sind (Plateau-Tannenwald mit *Vaccinium myrtillus*, Hochstauden-Tannenwald), z. B. auf tonreichen, dichten, sehr frischen bis wechselfeuchten Böden. Reliktstandorte auf felsigen Rohböden sagen der Lärche physiologisch keineswegs besonders zu, wenn sie auch da und dort am Arealrand (z. B. Mellau/Vorarlberg) das ökologische Optimum darstellen.

K l i m a (Abb. 13, Tab. 2)

Aus Angaben über Wärme- und Niederschlagsverhältnisse sowie Klimacharakter im natürlichen Verbreitungsgebiet können für eine Klimax- und Schattbaumart (z. B. Buche, Tanne) weitergehende Schlüsse gezogen werden als für Pionier- und Lichtbaumarten (z. B. Föhre, Lärche), da Schattbaumarten im physiologischen und ökologischen Verhalten größere Übereinstimmung zeigen. Das geschlossenere Arealbild der Buche gegenüber dem zersplitterten bei Föhre (Lärche) im gesamten und im einzelnen weist ebenfalls darauf hin. Da die Durchschnittswerte des meteorologischen Stationsklimas im Gebirge durch Relief, Hangneigung, Inversionszonen usw. lokal stark beeinflußt werden (vgl. B a u m g a r t n e r - K l e i n l e i n - W a l d m a n n 1956), sind Einzelwerte nur bedingt aussagefähig. Waldgesellschaften auf Sonn- und Schattseiten können bei gleicher Höhenlage Unterschiede in den Jahresmitteltemperaturen von $2 - 4^0$ C aufweisen (Q u a n t i n 1935).

Im natürlichen Verbreitungsgebiet der Alpenlärche zeigen **K l i m a d a t e n** in den verschiedenen Höhenstufen der Vor-, Zwischen- und Innenalpen **g r o ß e U n t e r s c h i e d e**. Die leicht schematisierte Darstellung (Jahresmitteltemperatur und Jahresniederschlag) von Stationen innerhalb des Lärchenareals läßt dies deutlich erkennen.

Für die Lärche ist in den Höhenstufen der **I n n e n a l p e n** ein relativ trokkenes Klima maßgebend. Bei Jahrestemperaturen von 0^0—$9,5^0$ C bewegen sich die durchschnittlichen Jahresniederschläge zwischen 450—1200 mm und überschreiten auch an der subalpinen Waldgrenze kaum 1600 mm. In den nördlichen und südlichen **Z w i s c h e n a l p e n** sind die Lärchenstandorte gegenüber denen der Innenalpen wesentlich humider. Bei ähnlicher Jahrestemperaturspanne wie in den Innenalpen fallen im Jahr 500—1700 mm, z. T. sogar 2000 mm Jahresniederschlag. Wesentlich feuchter ist das Klima der nördlichen und besonders der südlichen **V o r a l p e n**. Da die obere subalpine Stufe mit Ausnahmen (Berchtesgadener Kalkalpen, Dachstein) waldfrei ist, kann für die Lärchenstandorte des Alpenrandes eine Jahrestemperaturspanne von 2^0—10^0 C angegeben werden.

38

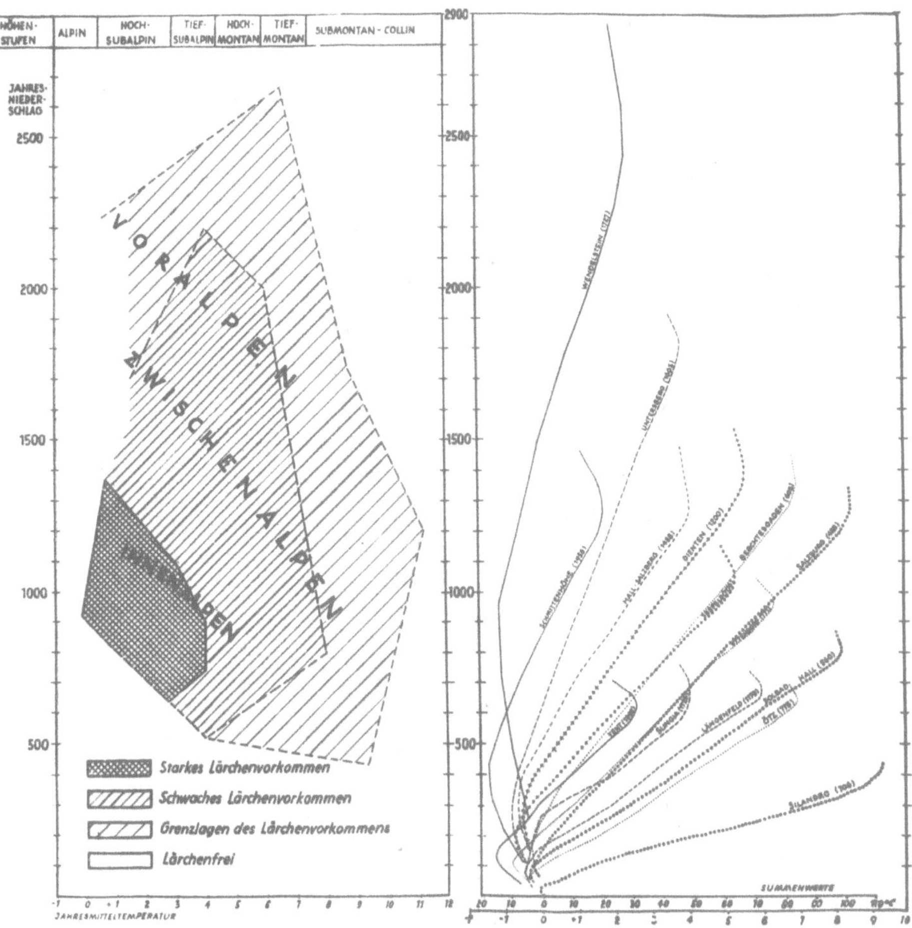

Abb. 13. Lärchenverbreitung und Klimacharakter in den Ostalpen.

Die unterschiedlichen Klimaverhältnisse (Jahresmitteltemperatur und Jahres-niederschlag) belegen anschaulich einige extreme Lärchenstandorte:

kalt—trocken : Vent 1892 m, 1,9⁰ C, 706 mm; Buffalora 1977 m, —0,1⁰ C, 923 mm; Grächen 1629 m, 4,0⁰ C, 529 mm.

kalt—feucht : Untersberg 1663 m, 3,5⁰ C, 1911 mm; Feuerkogel 1587 m, 3,4⁰ C, 2556 mm; Radhausberg 1915 m, 1,6⁰ C, 1736 mm.

warm—trocken: Schlanders 706 m, 9,3⁰ C, 434 mm; Siders 552 m, 9,3⁰ C, 536 mm; Predazzo 1018 m, 9,4⁰ C, 944 mm.

warm—feucht : Ebensee 429 m, 8,7⁰ C, 1747 mm; Kleinreifling 390 m, 8,4⁰ C, 1532 mm.

Tabelle 2. Klimarahmenwerte für Ostalpenlärchen-Her-
(Schweizer Alpen vgl. Kuoch,

Höhenstufe		Bereich in m	Leitgesellschaft	Alpengebiet	Stationen Anzahl
hochsubalpin		1750—2000	Latschenbest.	Vor-Alpen	3
		1750—2000	Zi - Lä	nördl. Zwischen-Alpen	2
		1750—2050	Lä - Zi	Innen-Alpen	7
tiefsubalpin		1750—2100	Lä - Zi	Innen-Alpen	4
		1750—2100	Zi - Lä	südl. Zwischen-Alpen	8
		1750—2100	(Latschenbest.)	Vor-Alpen	1
		1450—1750	Fi (Lä)	Vor-Alpen	4
				nördl. Zwischen-Alpen	4
				Innen-Alpen	6
		1450—1750	Lä - Fi	Innen-Alpen	10
				südl. Zwischen-Alpen	4
				Vor-Alpen	5
hochmontan		1000—1450	Fi - Ta - Bu	Vor-Alpen	1
			(Bu) - Fi - Ta .	nördl. Zwischen-Alpen	19
			(Ta) Fi	Innen-Alpen	13
		1000—1450	(Ta) Fi	Innen-Alpen	20
			(Bu) - Fi - Ta	südl. Zwischen-Alpen	17
			Fi - Ta - Bu	Vor-Alpen	3
tiefmontan		600—1000	Fi - Ta - Bu	Vor-Alpen	15
		700—1000	(Bu) - Fi - Ta	nördl. Zwischen-Alpen	20
		700—1000	(Ta) - Fi	Innen-Alpen	4
		700—1000	(Ta) - Fi	Innen-Alpen	14
	SO	600—1000	(Bu) - Ta - Fi	südl. Zwischen-Alpen	13
	SO	600—1000	Fi - Ta - Bu	Vor-Alpen	5
submontan (kollin)		400— 600	Ta - Bu	Vor-Alpen	9
		500— 700	Laubmischwald	nördl. Zwischen-Alpen	12
		600— 800	(Fo)	Innen-Alpen	4
	SO	550— 700	Laubmischwald	Innen-Alpen	6
	SO	400— 600	(Fo)	südl. Zwischen-Alpen	20
		350— 600	Laubmischwald	Vor-Alpen	5
kollin (submontan)		300— 450	Laubmischwald	Vor-Alpen	7
		500— 650	Laubmischwald	nördl. Zwischen-Alpen	4
		600— 800	Laubmischwald	Innen-Alpen	4
		550—1200	Laubmischwald	Innen-Alpen	5
		500—1000	Laubmischwald	südl. Zwischen-Alpen	12
		500—1100	Laubmischwald	Vor-Alpen	14
submediterran		250— 700	Laubmischwald	südl. Zwischen-Alpen	12
		200— 600	Laubmischwald	Vor-Alpen	16

künfte aus verschiedenen Gebieten und Höhenstufen
Französische Alpen vgl. Fourchy).

Jahres-temperatur	Tage über 10⁰ C	Jahres-schwankung	Januar-temperatur	Juli-temperatur	Niederschlag mm
0.5—2.0	— 70	14.0—16.0	—4.5/—6.5	8.0—10.0	1500—2800
1.0—3.0	— 70	15.0—17.0	—4.5/—7.0	8.5—11.0	1200—1700
1.0—3.0	— 70	16.0—18.0	—5.0/—7.0	9.0—11.5	800—1400
1.5—4.0	— 70	16.0—20.0	—5.0/—8.0	9.0—14.0	800—1300
1.0—4.0	— 80	16.0—18.0	—4.0/—6.0	9.0—14.0	1000—2000
0.5—3.5	— 70	16.0—18.0	—4.0/—7.0	9.0—13.0	1500—3000
2.0—4.0	60— 90	15.0—17.0	—3.0/—5.0	10.0—12.0	1500—2500
2.0—4.5	60—100	15.0—18.0	—3.5/—5.0	11.0—13.0	1100—1600
2.5—4.5	60—100	17.5—19.5	—4.5/—7.0	11.5—13.5	600—1300
3.0—6.0	70—125	18.0—21.0	—3.0/—7.0	13.0—16.0	750—1250
3.0—6.0	70—125	16.0—19.0	—3.0/—5.0	12.0—15.0	1000—2000
3.0—5.0	70—105	16.0—18.0	—3.0/—5.0	12.0—14.5	1400—2500
4.0—5.5	90—120	16.5—18.5	—2.5/—4.5	12.0—14.0	1300—2000
4.0—6.0	100—130	16.5—19.5	—2.0/—5.0	13.0—15.5	1100—1600
4.0—6.0	100—130	17.5—21.0	—3.0/—6.0	13.0—15.5	600—1200
5.0—7.0	115—145	18.0—21.0	—2.0/—5.0	14.0—17.0	750—1200
5.0—7.0	115—140	17.0—20.0	—2.0/—5.0	14.0—17.0	800—1600
4.0—6.0	95—125	17.0—20.0	—2.0/—5.0	13.0—16.0	900—2500
5.5—7.0	120—145	17.5—19.0	—2.0/—4.0	14.0—16.0	1100—1700
5.5—7.0	125—145	17.5—20.5	—2.5/—5.0	14.5—16.5	1000—1500
5.5—7.0	130—155	18.5—21.0	—2.5/—4.5	14.5—17.5	600—1100
6.0—7.5	135—155	19.0—22.0	—1.5/—5.5	15.5—17.5	700—1100
6.0—7.5	125—150	19.0—22.0	—3.0/—5.5	15.5—17.5	700—1300
6.0—7.5	125—150	18.0—20.0	—2.0/—4.0	15.0—17.0	800—1500
7.0—8.5	140—165	19.0—20.0	—1.0/—2.5	16.0—18.0	1000—1700
6.5—8.5	140—165	19.0—21.0	—1.5/—4.0	16.0—18.0	800—1300
6.5—9.0	155—180	19.5—21.0	—1.5/—4.0	16.5—19.0	500— 900
7.0—8.5	150—165	20.0—22.0	—2.0/—4.5	17.5—19.0	700—1100
7.0—8.5	150—165	20.0—24.0	—3.0/—6.0	17.5—19.0	700—1300
7.0—9.0	150—170	19.0—21.5	—2.0/—3.0	17.0—19.0	800—1300
8.0—9.0	155—170	19.0—20.5	0.0/—2.0	16.5—18.5	900—1500
8.0—9.5	165—180	19.5—21.5	—1.0/—2.5	18.0—20.0	600— 900
6.5—9.5	155—180	19.5—21.5	—1.5/—3.5	16.5—20.0	500— 900
7.5—10.0	155—180	18.0—21.0	+0.5/—1.5	18.5—20.0	450—1000
7.5—10.0	150—170	19.0—23.0	+0.5/—3.0	17.5—20.0	1000—1900
7.5—10.5	135—180	19.0—21.5	+0.5/—2.0	17.0—20.0	1200—2500
10.0—13.0	170—220	19.0—23.0	+1.5/—1.0	20.0—23.0	900—1600
10.0—13.5	180—225	19.0—22.5	+3.0/—0.5	20.0—24.0	1000—2000

Die w ä r m s t e n natürlichen L ä r c h e n s t a n d o r t e liegen in den südlichen Zwischenalpen bei Bozen (286 m, 12,4⁰ C, 682 mm), Edolo (690 m, 11,3⁰ C, 1200 mm), Chiavenna ·(333 m, 14,0⁰ C, 1602 mm) und in der submediterranen Stufe des Südalpenrandes (z. B. Belluno). Jahresmitteltemperaturen von 0⁰ C dürften an der L ä r c h e n - W a l d - u n d B a u m g r e n z e knapp unterschritten werden. Die Vegetationstage über 10⁰ C schwanken zwischen 20 und 220 (Bozen). In den tiefen Lagen alpiner Trockentäler muß die Lärche mit Niederschlägen von 400—600 mm bei hohen Temperaturen und geringer Luftfeuchtigkeit auskommen. Dagegen können an tiefen Lärchenstandorten der Voralpen bei vergleichsweise geringerer Jahrestemperatur Niederschläge zwischen 1500 und 2000 mm auftreten. Besonders niederschlagsreiche Lärchenstandorte sind im Salzkammergut und in den Julischen Alpen Jugoslawiens. Jahresniederschläge zwischen 2000 und 2500 mm werden in mittleren Lagen nicht selten gemessen und dürften lokal in höheren Lagen zwischen 2500 und 3000 mm liegen, in den Westalpen ausnahmsweise sogar noch höher (Maurienne, F o u r c h y 1952). Bedenkt man weiter, daß es sich bei den angegebenen Klimadaten um langfristig gemittelte Werte handelt, so ist anzunehmen, daß im natürlichen Areal der Alpenlärche Jahreswerte für die Temperatur zwischen —1,0⁰ C und 14,0⁰ C, Tage über 10⁰ C bei 0—250, Januartemperaturen zwischen —10⁰ C und +5⁰ C, Julitemperaturen bei +7⁰ C bis +25,0⁰ C, die Jahresniederschläge zwischen 350 mm—3000 mm liegen können. Schon aus diesem Grunde kann man nicht von einer „Alpenlärche" schlechthin sprechen, sondern nur von verschiedenen B i o t y p e n der Lärche (mit geographisch ± enger Begrenzung), die unter sehr wechselnden Klimaverhältnissen gedeihen. Ihre Ansprache und Gliederung auf soziologischer Grundlage kommt dem Standortkomplex am nächsten.

Diese von keiner anderen Baumart des Alpengebietes erreichte ökologische Amplitude macht die Differenzierung in verschiedene Ö k o t y p e n (Standortsrassen) verständlich.

Die für natürliche Lärchenstandorte erhobenen klimatischen Einzelwerte umreißen nur den durch die Konkurrenz der Mitbewerber eingeengten Lebensraum und grenzen noch nicht die physiologische Konstitution der Lärche und damit auch nicht die potentiellen Möglichkeiten für Anbauversuche ab. Das Auftreten der Lärche bei verschiedenem K l i m a c h a r a k t e r weist auf Unterschiede der Herkünfte in der jährlichen Lebensrhythmik hin, die beim Anbau außerhalb des natürlichen Verbreitungsgebietes besondere Beachtung verdienen.

Für die Lärche der Innenalpen ist eine kontinentale, für die der nördlichen und südlichen Voralpen eine relativ ozeanische Klimatönung charakteristisch, die sich vor allem hygrisch durch geringere bzw. höhere Niederschläge und entsprechende Verteilung äußert. Das nördliche und südliche Zwischenalpengebiet steht im K l i m a c h a r a k t e r dazwischen (vgl. K n o c h 1954, ausführlich siehe M a y e r 1961).

Die D a r s t e l l u n g d e s j ä h r l i c h e n W i t t e r u n g s g a n g e s in den verschiedenen Höhenstufen der nördlichen Vor-, Zwischen- und Innenalpen ist nach der M e t h o d e L o s s n i t z e r (1948) an einem Beispiel der mittleren Ostalpen aufgezeigt, in der bei vergleichender Darstellung auch geringe Witterungsunterschiede benachbarter Gebiete augenfällig zum Ausdruck kommen. Die Summenkurven der monatlichen Temperaturen (Abszisse) und Niederschläge (Ordinate) beginnen am 1. Jänner. Die Endpunkte am Jahresende stellen gleichzeitig die durchschnittlichen Jahreswerte dar. Rascheres Steigen der Kurve bedeutet mehr Niederschläge, langsameres größere Wärmesummen. Der Steigungswinkel des Kurvenstückes während der Vegetationszeit .entspricht im Witterungsverlauf den in der Klimatologie verwendeten Regenfaktoren, Trockenheitsindices und Kontinentalitätsfaktoren.

Je stärker die Krümmung der Kurve in der kalten Jahreszeit ausgeprägt ist, je unmittelbarer bei wärmeren Standorten die Richtung wechselt, desto kontinentaler ist das Klima, umso schneller erfolgt auch der Übergang von der kalten zur warmen Jahreszeit und umgekehrt.

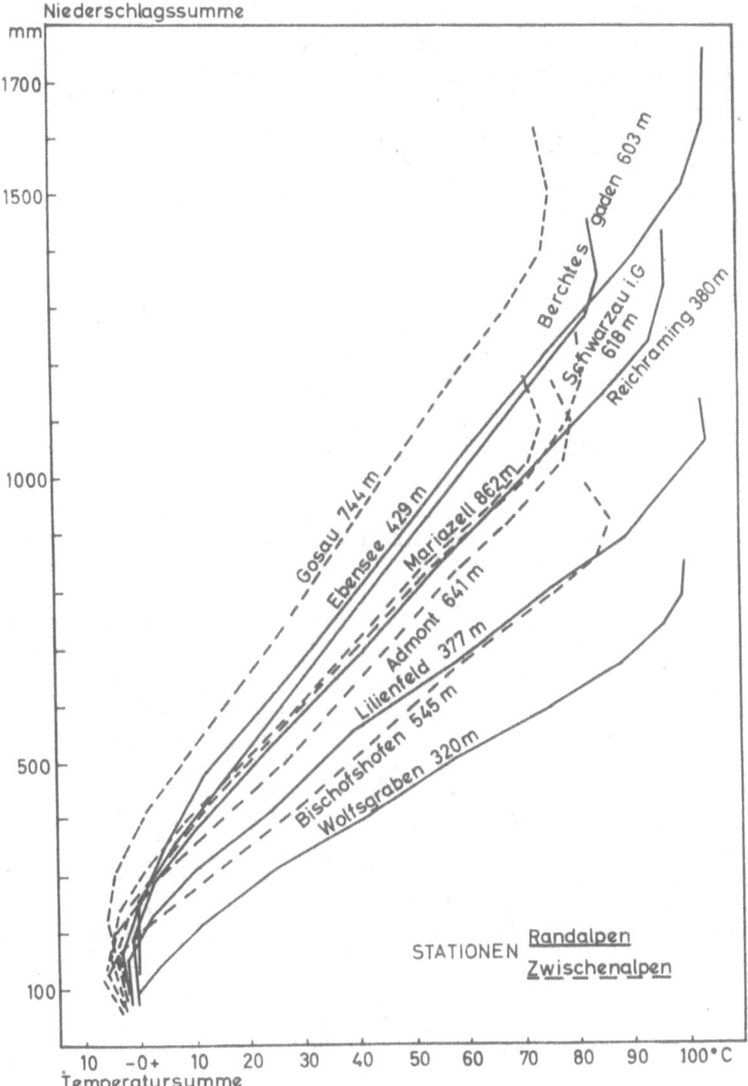

Abb 14. Klimaverhältnisse am nordöstlichen Alpenrand und im anschließenden Zwischenalpenbereich.

Innerhalb der einzelnen A l p e n g e b i e t e besteht von der subalpinen zur kollinen Stufe eine gleichsinnige, wenn auch verschieden stark ausgeprägte Abnahme der Niederschläge, eine Zunahme der Temperatur sowie eine Verstärkung der

43

jährlichen Temperaturschwankung. Hochgelegene Lärchenstandorte sind deshalb „ozeanischer" als tiefere. Die Differenzierung richtet sich im einzelnen weitgehend nach der besonderen Lage; z. B. sind Talstationen (Vent, Uttendorf) kontinentaler als Hangstationen (Dienten, Hall-Salzberg), Gipfelstationen (Wendelstein ohne Lärche) relativ kälter und ozeanischer als gleichhohe Hangstationen. Unterschiede im Klimacharakter bestehen auch innerhalb der gleichen Höhenstufe zwischen Innen-, Zwischen- und Voralpen. Nicht gleichwertig kann die Lärche selbst im physiognomisch einheitlichen s u b a l p i n e n F i c h t e n w a l d beurteilt werden, da die gleiche Waldgesellschaft bei verschiedenem Klimacharakter gedeihen kann (z. B. Chiemgauer Alpen, feucht-subkontinental; Kitzbüheler Alpen, mäßig feucht-subkontinental; Hohe Tauern/Zillertaler Alpen, mäßig trocken-subkontinental). Damit erfährt in der unteren subalpinen Stufe die arealgeographische Gliederung des Lärchenvorkommens eine standörtliche Begründung.

Die m o n t a n e n F i c h t e n - T a n n e n - B u c h e n w a l d g e s e l l - s c h a f t e n mit natürlichem Lärchenanteil differenzieren sich entlang des Alpenrandes von Westen nach Osten pflanzengeographisch (mitteleuropäisch — pannonisch; submediterran — illyrisch). Wenn man in der unteren montanen Stufe am Alpenrand und Übergang zum Zwischenalpengebiet den Witterungsverlauf vergleicht, so spiegeln sich die pflanzengeographisch definierten Veränderungen klimatisch gut wieder (Abb. 14, 15). Das Gebiet von Berchtesgaden und das Salzkammergut sind ausgesprochen humid. Östlich schließt sich ein Gebiet geringer Humidität mit Übergangscharakter an (Reichraming — Lilienfeld). Am südlichen und östlichen Alpenrand mit pannonischem und illyrischem Einfluß sind tiefgelegene Lärchenstandorte sehr schwach humid (Wolfsgraben, Kirchberg, Weiz) bei kontinentalem Einschlag und stehen damit tiefmontanen Lärchenstandorten im nördlichen Zwischenalpengebiet des Westens (z. B. Solbad Hall) nahe. Lärchenstandorte im submediterranen Kontaktbereich sind bei mehr ozeanischem Witterungsverlauf am Alpenrand in höherer Lage wieder feuchter. Die pflanzengeographische Differenzierung der Lärchenstandorte am montanen Alpenrand wird klimatisch unterstrichen und verdient deshalb waldbaulich Beachtung.

Bei der G e s a m t v e r b r e i t u n g v o n *L a r i x* ist die enge Verknüpfung des Areals mit einem k o n t i n e n t a l e n K l i m a auffallend. In subalpiner Stufe der kontinentalen Innenalpen liegt das stärkste alpine Lärchenvorkommen, das gegen die Voralpen und die montane Stufe zu immer schwächer wird (Abb. 7). T s c h e r m a k (1935) schließt daraus, daß thermische Kontinentalität, also binnenländische Wärmeverhältnisse großer täglicher und jährlicher Schwankung für Verbreitung und günstiges Wachstum der Lärche notwendig und entscheidend sind, wie z. B. für die Zirbe (T s c h e r m a k 1942). Da aber die Alpenlärche in mittleren und tieferen Lagen des Zwischen- und Voralpengebietes die besten Wuchsverhältnisse bei guter Gesundheit aufweist, also Maximum und Optimum der Verbreitung nicht parallel gehen (Abb. 10), Lärchen auf Reliktstandorten in typischen ozeanischen Westwettergebieten (z. B. Vorarlberg, Salzkammergut) noch vorkommen, wüchsig und gesund sind, sowie erfolgreiche künstliche Anbauten der Alpenlärche im meernahen Gebiet (Dunkeld, Schottland) existieren, kann thermische Kontinentalität nicht allein für Verbreitung und Gedeihen entscheidend sein. Ein thermisch kontinentaler Standort ist wohl für Innenalpenlärchen der subalpinen Stufe lebensnotwendig, nicht aber für Voralpenherkünfte aus montanen Mischwäldern mit Buche. Deshalb sind die klimatisch bedingten wechselnden Konkurrenzverhältnisse als arealgestaltende Elemente näher zu berücksichtigen. Bei der Klimaxbaumart Buche stimmen dagegen physiologisches und ökologisches Optimum ziemlich überein. Das Klima ist bei ihr als Schattbaumart in viel größerem Umfange ein arealbestimmendes Element.

Schon G a m s (1931/32) hat festgestellt, daß das Lärchenareal keine deutliche Beziehung zum Grad der h y g r i s c h e n K o n t i n e n t a l i t ä t aufweist, daß also binnenländische Niederschlagsverhältnisse nicht für ihr Vorkommen notwendig sind. Tiefgelegene, niederschlagsreiche Lärchenstandorte beweisen es (Berchtesgaden 603 m, 1447 mm; Ebensee 429 m, 1747 mm).

Andere das Lärchenareal begrenzende Faktoren, wie Luftfeuchtigkeitsgrad, Zahl der klaren Tage oder Nebeltage (H e s s 1942), stehen in bestimmter Beziehung zum jeweiligen Klimacharakter und können erst bei Berücksichtigung aller Faktoren entsprechende Würdigung erfahren.

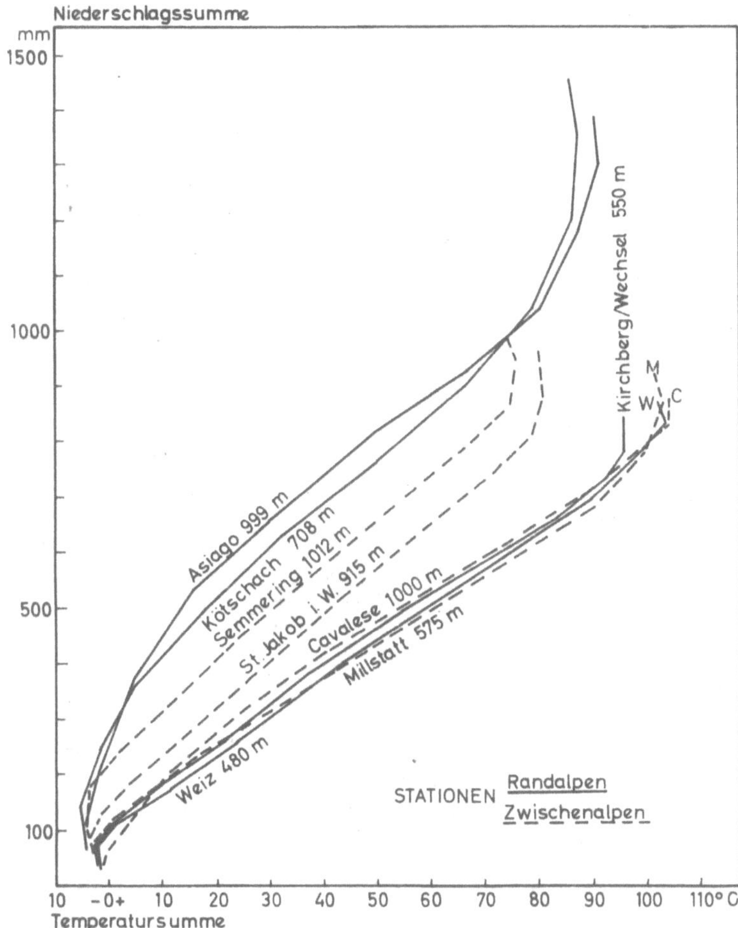

Abb. 15. Klimaverhältnisse am östlichen und südöstlichen Alpenrand und im anschließenden Zwischenalpenbereich (montan — submontan).

Es ist also nicht möglich, durch Angabe spezifischer Einzelwerte das gesamte Lärchenareal abzugrenzen, da die Lärche keine Klimaxbaumart ist und in sich biologisch nicht einheitlich beurteilt werden kann. An der Arealgrenze spielen großklimatische Verhältnisse nur eine geringe Rolle gegenüber lokal- und mikroklimatischen, wie das Verhalten gegenüber Einzelfaktoren zeigt (Exposition, Wirkung von Extremjahren). An der subalpinen Wald- und Baumgrenze, wo die Konkurrenz anderer Baumarten weitgehend ausgeschaltet ist, führt die kurze Vegetationszeit mit nur 20—50 Tagen über 10⁰ C zur Bildung einer klimatisch bedingten Grenzzone der Lärchenverbreitung. Arid-kontinentale, sehr warme Tieflagen mit geringen sommerlichen Niederschlägen bedingen besonders im submediterranen Raum ebenfalls eine absolute Verbreitungsgrenze (F o u r c h y 1952). Auch hier ist die Konkurrenz durch andere Baumarten unbedeutend (z. B. Pfynwald im Wallis). Der Klimacharakter, thermische bzw. hygrische Kontinentalität/Ozeanität, wirkt primär nicht arealbegrenzend. Manche voralpinen Lärchenherkünfte gedeihen in einem sehr feuchten Klima (Klammlärchen). Man darf deshalb die „Alpenlärche" nicht als biologisch homogene Baumart betrachten.

c) S o z i o l o g i s c h e   S i t u a t i o n   —   K o n k u r r e n z v e r h ä l t n i s s e

P h y s i o l o g i s c h e s   u n d   ö k o l o g i s c h e s   O p t i m u m (Verhalten) der Lärche gegenüber einzelnen Faktoren stimmen nicht überein (Abb. 16). Im montanen Bereich des Alpenrandes wird die Lichtbaumart von den wuchsgünstigen frischen Standorten auf schlechtwüchsige, flachgründigere und trockene durch die Schattbaumarten abgedrängt. Maximales Auftreten und optimales Gedeihen sind sowohl im ganzen Alpenbereich als auch innerhalb der einzelnen Alpengebiete an soziologisch sehr verschiedene Einheiten gebunden. Dem reichlichen natürlichen Vorkommen der Lärche im subalpinen Innenalpenbereich (Nadelwald) steht das wuchsgünstigere, wesentlich spärlichere Auftreten in montanen Voralpenwäldern (Tannen-Buchenwälder) gegenüber, wo sie Höhen von 30 — 40 m durch Raschwüchsigkeit in kürzerer Zeit als in mittleren und tieferen Lagen der Innen- und Zwischenalpen erreicht (S c h i f f e l 1905, T s c h e r m a k 1935, M a y e r 1954). Die Wettbewerbsverhältnisse spielen deshalb bei der Lärche als arealbestimmendes Element eine besondere Rolle.

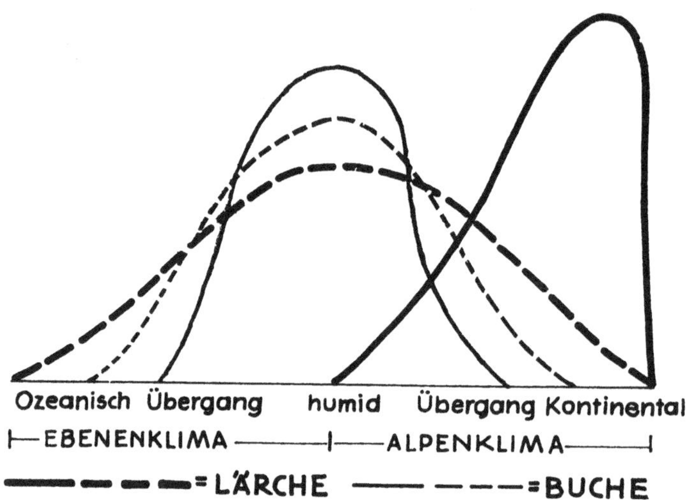

Abb. 16. Ökologisches (———) und physiologisches (— — —) Verhalten von Lärche und Buche gegenüber dem Klimacharakter.

In einem Gebiet ohne Ausbreitungsschranken erreicht eine Art überall dort ihre natürliche Verbreitungsgrenze, wo durch die sich verändernden Standortsbedingungen ihre Wettbewerbsfähigkeit gegenüber Konkurrenten so stark herabgesetzt wird, daß sie sich nicht mehr durchsetzen kann (W a l t e r 1954). Für die Lichtbaumart

Lärche spielt die Konkurrenz durch Schattbaumarten eine andere Rolle als für
Zirbe und Fichte. Zwischen Schattbäumen ist das Verhältnis wieder verschieden.
Inwieweit wirken nun die Konkurrenzverhältnisse auf die Arealgestaltung der
Alpenlärche ein? Wie erklärt sich das Ausbleiben der Baumart auf Standorten mit
fehlender Konkurrenz durch andere Baumarten?

Die ökologische Konstitution einer Art stellt nach Ellenberg (1956)
die Gesamtheit ihrer Reaktionen auf die natürlichen Umweltverhältnisse dar. Sie ist ein
Produkt des Zusammenwirkens von morphologischer und physiologischer Konstitution einerseits, Standortsbedingungen und konkurrierenden Arten andererseits. Da ökologische Konstitution und Konkurrenzkraft keine feststehenden Größen sind, kann dieses Problem bei dem
bisher vorliegenden Grundmaterial nur grob skizziert werden.

Von den Rand- zu den Innenalpen, von der montanen zur subalpinen Stufe,
vom Norden zum Süden der Ostalpen und von Westen nach Osten weitet sich im
allgemeinen das Areal der Lärche. In gleicher Weise ändern sich klimatisch verursacht die Wettbewerbsverhältnisse.

Im Maximum der Lärchenverbreitung, im hochmontanen-subalpinen, kontinentalen Alpeninneren (Engadin, Vintschgau, Ahrntal, Osttirol, Lungau)
treten Fichte, z. T. auch Zirbe als wesentlichste Konkurrenten auf. Das stärkere Auftreten der Lärche in geringer entwickelten Gesellschaften, bei regressiver
Entwicklung und anthropogener Begünstigung auf Almen und Weiden sowie ihr
Fehlen bzw. spärliches Vorkommen in reifen, standörtlich ausgeglichenen Fichten-
und Zirbenschlußwäldern zeigen die Bedeutung des Wettbewerbes.

Gegen den Alpenrand zu treten neben Fichte erst Tanne und dann
Buche mit immer größerer Vitalität und Konkurrenzkraft auf und beschneiden
die Lebensmöglichkeiten der Lärche. Im nördlichen voralpinen Moränengebiet fehlt
die Lärche infolge zu einheitlicher Konkurrenz von flächig ausgebildeten, wüchsigen
Tannen-Buchenklimaxgesellschaften bei gleichzeitigem Mangel an Reliktstandorten.

Das reichlichere Lärchenvorkommen an der südlichen Abda-
chung der Alpen im Vergleich zur nördlichen ist in seiner heutigen Form anthropogen
bedingt, da auf den Sonnseiten lärchenüberstellte Almweiden zur Erhöhung des Weideertrages
z. T. planmäßig geschaffen wurden und der menschliche Einfluß wesentlich früher als im
Norden eingesetzt hat. Darüber hinaus sind Tannen- und Tannen-Buchenwaldgesellschaften
im südlichen Gebiet weniger typisch ausgebildet und von geringerer Konkurrenzkraft als im
Norden.

Beim Areal der Alpenlärche ist auffällig, daß von Westen nach Osten
eine horizontale Ausweitung des Verbreitungsgebietes
stattfindet. Morphologische Ursachen sind dafür nicht maßgebend. Während sich
am südlichen Alpenrand die Arealgrenze im mittleren und östlichen Teil stets in
Nähe der morphologischen Alpengrenze hält, findet am nördlichen Alpenrand eine arealausweitende Verlagerung der Grenze statt. Im Bereich der französischen Westalpen ist der Abstand der Verbreitungsgrenze vom Alpenrand am
größten. Einzelne Relikte haben sich im „Zwischenalpenbereich" erhalten. Die
Arealgrenze schiebt sich im Schweizer Gebiet in den Zwischenalpenbereich vor, erreicht aber nur im östlichen Teil die Voralpen. In Höhe des deutschen Alpenanteils
nimmt die Lärche völlig vom Tiroler Zwischenalpenbereich Besitz und schiebt das
geschlossene Areal gegen den Alpenrand immer mehr vor, indem Zahl und Umfang
der Reliktvorkommen von Vorarlberg bis zu den Chiemgauer Alpen zunehmen.
Von den Berchtesgadener Kalkalpen nach Osten tritt die Lärche stets im Randalpengebiet auf, wenn auch stellenweise (z. B. Salzkammergut) das Vorkommen
schwach ist. Weiter gegen Osten tritt sie im Durchschnitt stärker auf, bis dann in

der Gegend des Wienerwaldes die Alpengrenze nach Norden überschritten und in einem Hügelland von 250—550 m nahezu die Donau erreicht wird.

Von den mediterran beeinflußten französischen Voralpen abgesehen, nimmt am nördlichen Alpenrand von der Schweiz bis nach Niederösterreich der „ozeanische" Klimaeinfluß ab. G e g e n O s t e n wird das Klima kontinentaler, wie aus dem pannonischen Einfluß am östlichen Alpenrand hervorgeht. Parallel damit gehen Ä n d e r u n g e n i m G e f ü g e u n d B a u m a r t e n w e t t b e w e r b d e r W a l d g e s e l l s c h a f t e n. Von der Westschweiz nach Niederösterreich sinkt die obere Grenze des buchenreichen Mischwaldes von 1800 m auf 1300/1400 m ab. Gleichzeitig dringt von Westen nach Osten die Fichte unter Arealausweitung und Vergrößerung des subalpinen Nadelwaldes immer mehr in die montanen Tannen-Buchenwaldgesellschaften ein. Buche und Tanne verlieren durch verminderte Wettbewerbsfähigkeit Boden, die K o n k u r r e n z k r a f t d e r F i c h t e n i m m t z u. Im Schweizer Gebiet fehlt die Lärche im randalpinen Tannen-Buchenwald. Die größere Vitalität der Tanne zeigt sich auch darin, daß mit der Fichte ein ziemlich ausgeglichenes Wuchsverhältnis besteht (E t t e r 1952), während im bayerisch-österreichischen Voralpengebiet eindeutig die Fichte der Tanne im Höhenwuchs überlegen ist. Am Rand des Wienerwaldes, wo die Tanne an der Verbreitungsgrenze wenig vital ist (B e r g e r 1949) und auch die Buche weniger klimatisch als edaphisch (Sandstandorte) bedingt nur mäßig wüchsig ist, kann die Lärche sogar bis ins Eichen-Buchenwaldgebiet vordringen. Von Westen nach Osten nimmt im Alpenrandgebiet auch der Anteil an Reliktföhrenwäldern im montanen Bereich zu (T s c h e r m a k 1954). Daraus ist ebenfalls ein verschiedenes Durchsetzungsvermögen des Fichten-Tannen-Buchenwaldes ersichtlich.

Im S a l z k a m m e r g u t , das durch die vorgeschobene Lage besonders niederschlagsreich ist, tritt die Lärche (auch Föhre) infolge der größeren Konkurrenzkraft von Buche, Tanne und auch Fichte nicht so reichlich wie in den Berchtesgadener Kalkalpen auf. Im wesentlich „ozeanischeren" V o r a r l b e r g *(Ilex aquifolium sehr verbreitet)* ist die gesunde, verjüngungsfreudige und ein hohes Alter erreichende Lärche noch mehr als weiter östlich auf steile Hänge, Felsabsätze und kaum zugängliche Stellen, also auf typische Reliktstandorte beschränkt (Z i e g l e r 1933), da sie durch vital entwickelte Fichten-Tannen- und stark differenzierte Fichten-Tannen-Buchenwaldgesellschaften von durchschnittlichen Standorten verdrängt worden ist. Im noch weiter westlich gelegenen Schweizer Randalpengebiet mit vitalen buchenreichen montanen Mischwäldern ist das Fehlen der Lärche durch den verstärkten Wettbewerb verständlich. Während für die Lärche im Inneralpengebiet durch das trocken-kontinentale Klima die Wettbewerbsverhältnisse günstiger sind, müssen in den Randalpen von Osten nach Westen zunehmend edaphisch extreme Standorte die Erhaltung der Art garantieren. Dies ist aber nur bis zu einem gewissen Grad möglich, wie die spärlichen Reliktstandorte im montanen Randalpengebiet westlich des Inns beweisen.

Für die anspruchsvolle, keinen Seitenschatten vertragende, Lichtbaumart Lärche ist die Konkurrenzkraft der Schattbaumarten entscheidender als ihre eigene. Daß der W e t t b e w e r b d u r c h L i c h t b a u m a r t e n (z. B. Föhre) weniger wirksam ist, zeigt sich daran, daß die Lärche typische, wenig wüchsige Föhrenwaldgesellschaften aus edaphischen Gründen meidet, aber in Übergangsgesellschaften zum montanen Mischwald mit wüchsiger Föhre häufig ist. Das postglaziale Lärchen-Maximum in den präborealen und borealen *Pinus*-Wäldern weist ebenfalls darauf hin. Reliktföhrenwälder am Alpenrand (S c h m i d 1936; Pinetum silvestris ericosum, subillyricum, nicht aber molinietosum) boten deshalb (da gleichzeitig Primärstandorte nach der Wiedereinwanderung) der Lärche während der wechselvollen nacheiszeitlichen Waldgeschichte notwendige natürliche Refugien in der montanen Stufe. Ihr häufigerer Gesellschaftsanschluß an gering entwickelte und in der Vitalität gehemmte Fichten-Tannen-Buchenwälder mit Föhre weist ebenfalls auf die Bedeutung der Wettbewerbsverhältnisse für ihr Vorkommen hin.

Im Durchschnitt nimmt der L ä r c h e n a n t e i l   m i t   s t e i g e n d e r   H ö h e zu. Subalpine Standorte sind lärchenreicher als montane. Im I n n e r a l p e n - g e b i e t ist die Zunahme ohne weiteres verständlich, da sich über dem Fichten- gürtel die Lärchen-Zirbenwaldstufe mit dem größten natürlichen Lärchenanteil ausdehnt. Die Konkurrenz der Fichte entscheidet im einzelnen über das Auftreten der Lärche, wie anthropogen bedingte Lärchwiesen beweisen. Ähnlich liegen die Verhältnisse im Z w i s c h e n a l p e n g e b i e t, wenn auch die obere subalpine Lärchenwaldstufe lokal nur schwach ausgebildet ist oder stellenweise ganz fehlt. Abgesehen von den Berchtesgadener Kalkalpen und dem Dachsteingebiet, wo hoch- gelegene Plateauflächen der Lärche ein maximales Auftreten ermöglichen, ist am nordöstlichen A l p e n r a n d in der schwach ausgebildeten Fichtenstufe der Lär- chenanteil gering. Nicht selten ist er in montaner Lage, wenn Reliktstandorte häufi- ger sind, sogar höher. Im bayerischen Randalpengebiet bleibt von Osten nach Westen die Lärche zunehmend an der Wald- und Baumgrenze aus. Noch weiter westlich (Schweizer Randalpengebiet) fehlt Lärche hochmontan und tiefsubalpin völlig.

Durch das Sinken der Vegetationsgrenzen von den Innen- zu den Randalpen wird die subalpine Stufe am stärksten reduziert, wobei Latschenfelder an die Stelle der Nadelwälder mit Fichte und Zirbe treten. Das S c h w e i z e r i s c h e   R a n d a l p e n g e b i e t mit aus- reichenden Reliktstandorten und einer aufgelösten oberen Waldstufe bietet der Lärche keine grundsätzlichen Besiedlungsschwierigkeiten, da gleichzeitig auch die Konkurrenz durch Fichte und andere Baumarten nicht in dem Maße wie in der montanen Stufe wirksam wird. Klima- tisch herrschen keine ungewöhnlichen Verhältnisse: Kalt und sehr feucht mit geringer jährlicher Temperaturschwankung (Rigi, Wendelstein). Die U r s a c h e   d e s   F e h l e n s kann bei der Lärche selbst liegen, wenn sie innerhalb ihrer physiologischen Grundstimmung nur B i o - und Ö k o t y p e n ausgebildet hat, die im feucht-subkontinentalen Hochlagenklima des Ostens, nicht aber im sehr feucht-subozeanischen Hochlagenklima des Westens gedeihen kön- nen. Damit wäre eine klimatisch bedingte absolute physiologische Grenze gegeben.

Gleichzeitig sind auch e i n w a n d e r u n g s g e s c h i c h t l i c h e   G r ü n d e für das Fehlen der Lärche im nördlichen Randalpengebiet der Schweiz in Erwägung zu ziehen. Östlich des Rheins waren in der Eichenmischwaldzeit montan „boreal-kontinentale" Fichten- wälder mit natürlichem Lärchenanteil herrschend, während westlich des Rheins Tannenwälder ohne natürliches Lärchenvorkommen dominierten. Aus der verschiedenen Konkurrenzwirkung der beiden Schattbaumarten allein ist die Grenze nicht erklärlich. So ist pollenanalytisch noch nicht geklärt, ob die Lärche zu spät von Osten kommend in das Schweizerische Randalpen- gebiet gelangte oder ob die Lärche zur Zeit der borealen *Pinus*-Wälder sporadisch vorhanden war und erst im Laufe der postglazialen Waldentwicklung infolge geringer Vitalität und spärlichen Vorkommens ausfiel.

d) Biologische Konstitution

Das erreichbare A l t e r der Lärche schwankt in weiten Grenzen. In höheren Lagen und im Inneralpengebiet ist die Lebensdauer durchschnittlich länger. Stark- lärchen mit einem Alter von 300—500 Jahren sind nicht selten und solche mit 500 bis 700 Jahren gelegentlich noch gesund anzutreffen (siehe T s c h e r m a k 1935). 200—300 Jahre alte, lärchenreiche Bestände dieser Lagen haben noch keineswegs stärkere, physiologisch bedingte Ausfälle. — In tieferen Lagen und besonders am feuchten Alpenrand ist bei früh einsetzendem, schnellerem Jugendwachstum die Lebensdauer kürzer. Starklärchen sind durchschnittlich nur 150—200 Jahre, örtlich 200—250 Jahre alt. Auf den wüchsigsten, frischen Standorten ist die Lebensdauer relativ kurz, da dort vor allem Stock- und Stammfäule das Erreichen höheren Alters verhindern. Auf trockenen bis mäßig frischen Böden des Alpenrandes können Lärchen geringer Höhe und mittleren Durchmessers oft über 200 Jahre alt werden (M a y e r 1954). Bei Verlangsamung des durchschnittlich raschen Jugendwachstums durch klimatische (geringe Temperatur und Niederschläge) oder edaphische (Bodentrockenheit) Faktoren wird im allgemeinen ein höheres Alter erreicht. Die stärksten Lärchen sind meist nicht die ältesten.

W u c h s l e i s t u n g und E n t w i c k l u n g s r h y t h m u s (rasches oder langsames Jugendwachstum) sind in den Höhenstufen und Alpengebieten verschieden. In den Berchtesgadener Kalkalpen erreicht die in der Jugend raschwüchsige Lärche montaner Tieflagen Höhen von 40—45 (50) m, während die in der Jugend langsamwüchsigere Hochlagenlärche nur 15—25 (30) m hoch wird. Innerhalb der gleichen Höhenstufe schaffen edaphische Gründe mitunter sehr verschiedene Voraussetzungen. Extrem abholzige Lärchen im Blaugrasrasen können z. B. trotz eines Alters von 200 Jahren bei 40—50 cm $\varnothing$ nur rund 10 m hoch sein. Edaphisch bedingte initiale Entwicklungsstadien des Weißseggen-Fichten-Tannen-Buchenwaldes mit geringwüchsigen Lärchen weisen eine Kulmination des Höhenwachstums oft erst nach 50 Jahren auf, wie in subalpinen Hochlagen die Regel, während in optimalen Entwicklungsphasen der Gesellschaft das Haupthöhenwachstum schon vor dem 25. Lebensjahr stattfindet. Ein Vergleich des Entwicklungsrhythmus von verschiedenen Lärchenherkünften muß sich deshalb auf Standorte gut entwickelter Klimax- oder klimaxnaher Gesellschaften beschränken.

Innerhalb der gleichen Höhenstufe sind die Lärchen der niederschlagsreichen Randalpen im Wachstum begünstigt. Der Entwicklungsrhythmus der Lärche in den verschiedenen Höhenstufen und geographischen Bereichen steht in enger Beziehung zur pflanzengeographisch-soziologischen Gliederung ihrer Verbreitung.

Die Spanne der Z u w a c h s l e i s t u n g der Lärche reicht von rund 0,5 Vfm DGZ$_{100}$ je Jahr und ha an der oberen Waldgrenze und auf Trockenstandorten bis zu knapp 10 Vfm DGZ$_{100}$ auf mäßig kühl-feuchten, lehmigen Standorten (Mittelwerte 3 — 6 Vfm DGZ$_{100}$).

Der Lärche wird eine hohe T r a n s p i r a t i o n s i n t e n s i t ä t zugeschrieben. Von Einzeluntersuchungen abgeleitete Durchschnittszahlen als Generalannahmen interpretieren zu wollen ist ganz allgemein, besonders augenfällig aber hier nicht am Platze (K ö s t l e r 1950), wie bereits ein Vergleich von Lärchengrenzstandorten zeigt: Subalpiner Lärchen-Zirbenwald an windexponierter Wald- und Baumgrenze; Lärche in kollin-submontanen Steppenheideföhrenwäldern bzw. in submediterranen, subillyrischen Strauchgesellschaften oder Flaumeichenwaldfragmenten; schluchtige, schattseitige Eibensteilhangwälder bei Wasserfällen (Tscheppa-Schlucht in den Karawanken, Klammstandorte) und benachbarte Schwarzföhrenreliktbestände auf Sonnseiten mit Lärche.

Verhalten sich verschiedene Lärchenherkünfte auf demselben Standort gleich? Wie ist die gleiche Herkunft auf verschiedenen Standorten zu beurteilen? Arbeiten von B u r g e r (1945) und E i d m a n n (1943) tasten sich an das außerordentlich komplexe Problem heran. Bei einer genormten Standardtemperatur von 20° C stellte E i d m a n n eine hohe Transpirationsintensität der Lärche fest, die von Tanne, Fichte, Douglasie und Föhre sowie von den meisten Laubbäumen nicht erreicht wird. Da sich aber bei den verglichenen Baumarten das physiologische Optimum zwischen Transpiration und Substanzerzeugung nicht bei gleicher Temperatur einstellt, müssen zwangsläufig Baumarten aus klimatisch kühleren Bereichen bei künstlich überhöhter Vegetationszeittemperatur benachteiligt sein. Artspezifisch scheinen „Lichtbaumarten" (Lärche, Birke, Aspe, Erle, Pappel) im Durchschnitt eine höhere Transpirationsintensität zu besitzen als Schattbaumarten. Die größeren Ansprüche an Licht und Transpiration im Vergleich zu den Schattbaumarten (Lärche — Fichte, Föhre — Buche) begründen u. a. physiologisch-biologisch die verschiedene Wettbewerbsfähigkeit. Die Lärche verträgt aber größere Lufttrockenheit und stärkere Bewindung als die Fichte.

Burger (1945) berichtet von außerordentlichen Schwankungen im Wasserverbrauch je kg Trockensubstanzzuwachs. Der 50jährige Lärchenbestand von Maienfeld (570 m) hatte einen jährlichen Wasserverbrauch von 720 kg je kg Trockensubstanzzuwachs in rund 6 Monaten Vegetationszeit. Bei Sils Maria (1820 m) verbrauchte ein 220jähriger Lärchenbestand jedoch 3200 kg in 4 Monaten. In Maienfeld (Zwischenalpen, submontan) ist also „scheinbar" nur $^1/_4$ — $^1/_5$ der Wassermenge für die Erzeugung der gleichen Menge Trockensubstanz nötig wie in Sils Maria (subalpiner Innenalpenbereich). Es sind aber auch die zur Verfügung stehenden Wärmesummen zu berücksichtigen. Vergleicht man die Temperatursummen im Jahr und in der Vegetationszeit in Maienfeld (Station Sargans 507 m, 8,5⁰ C, 165 — 170 Tage über 10⁰ C, 1279 mm) und Sils Maria (Station Sils Maria 1820 m, 1,5⁰ C, 53 Tage über 10⁰ C, 960 mm), so verhalten sie sich wie 3100 : 550 im Jahr, oder wie 2300 : 518 in der Vegetationszeit. Die verwertbare Temperatursumme ist in Maienfeld 4 — 6mal so groß wie in Sils Maria. Berücksichtigt man bei der Transpirationsintensität: Wasserverbrauch und Temperatursumme, so besteht kein großer Unterschied zwischen beiden Beständen (Bestand Wiesen?). Deshalb ist es auch nicht verwunderlich, daß auf vergleichbaren Standorten Unterschiede zwischen Lärchenbeständen sowie Fichten-Buchen- und Tannenbeständen mit einer durchschnittlich verbrauchten Jahresmenge von 250 — 350 mm nur gering sind. Die Lärche mit ihrer relativ geringen Nadelmenge benötigt nicht mehr Feuchtigkeit als ihre Mischbaumarten (Herkunftsunterschiede!)

Der Gesundheitszustand natürlich vorkommender Lärchen im Alpengebiet ist gut. Gegen Schäden jeder Art sind sie sehr widerstandsfähig. Im ganzen Gebiet, auch in den montanen Randalpen, ist der L ä r c h e n k r e b s anzutreffen, jedoch in einem im Vergleich zum künstlichen Anbaugebiet waldbaulich unbedeutenden Umfang.

Trotz eingehender Untersuchungen ist noch kein endgültiges·Urteil über die Lärchenkrebsfrage möglich (L a n g n e r 1936, M ü n c h 1936, 1939, P l a s s m a n n 1927, R o b a k 1952, H o p p 1956, Z y c h a 1957). Die Feststellungen von G a i s b e r g, daß der Befall grüner Kurztriebe infizierend wirkt, wurden in neuerer Zeit mehrfach bestätigt, wobei H o p p nachweist, daß der Befall lebender Kurztriebe durch den Lärchenkrebspilz unabhängig vom Baumalter vorwiegend aber im Triebalter 2 — 5 erfolgt. Z y c h a berichtet nun, daß die eigentliche Infektion von der Nadelbasis aus erfolgt (was noch der Erhärtung bedarf), von der die tryptophytische Rasse des Krebspilzes (R o b a k) im Gegensatz zur saprophytischen an Dürrästen lebenden Ausbildung von *Dasyscypha willkommii* in die grüne Rinde eindringt. Aus diesem Grunde haben herrschende Bäume mit gut ausgebildeter Krone wegen der günstigeren Infektionsbedingungen mehr Krebswunden als schwächere, wie H o p p mit methodisch einwandfreien Versuchen nachweisen konnte. Ergebnisse von M a n d e l, P l o c h m a n n, S c h o b e r, Z i m m e r l e, daß Bäume mit weniger gut ausgebildeten Kronen und niederer sozialer Stellung stärker befallen sind, stehen dazu in „scheinbarem" Gegensatz, da die Untersuchungen an bereits durchforsteten Beständen vorgenommen wurden. Die Durchforstung verhindert zwar nicht den Krebsbefall, erhöht aber die Widerstandsfähigkeit der pflegewürdigen Bäume gegen Umfassung durch Krebswunden. Vom Infektionsvorgang her gesehen, ist deshalb als vorbeugende Maßnahme Trockenastung zwecklos und nur Grünastung empfehlenswert.

Unzureichend sind die Informationen über die unterschiedliche Krebsresistenz verschiedener Herkünfte, insbesondere bei wechselnder Vitalität. Bestandsklimatische Verhältnisse spielen vermutlich ebenfalls eine Rolle, nachdem in dichten Jungbeständen und in Fichten-Lärchenmischbeständen der Befall stärker ist als in älteren Beständen und bei Mischung Buche-Lärche.

Nicht unbedingt zusammen mit dem Krebsbefall tritt das „L ä r c h e n s t e r b e n" (M ü n c h) auf. Nach Rindenerfrierungen, insbesondere durch Spätfröste, treten Flechtenbehang und aufsteigende Zweigdürre auf, sekundär dann auch Krebsbefall. Da tiefsubalpine Herkünfte aus dem Innenalpengebiet im submontanen Anbaugebiet sehr früh treiben, sind sie besonders gefährdet. Während beim Lärchensterben die Provenienzfrage eine entscheidende Rolle spielt, ist beim Lärchenkrebs der Zusammenhang zwischen Herkunft und Befallsgrad weniger offensichtlich.

4*

51

Von den Insektenschäden kann der Lärchenwicklerbefall *(Eucosma griseana,* Hübner, z. B. Engadin, Martignoni 1957) wiederholt epidemisches Ausmaß erreichen, ohne daß die Lärche zugrunde geht. Ihre Schwächung äußert sich durch Ausbleiben ergiebiger Samenjahre und Zuwachsverluste in der jeweiligen 4 bis 6 Jahre dauernden Erholungszeit (Campell-Kuoch-Richard-Trepp 1955). Die Reduzierung der Vitalität ist bei angespannter Konkurrenzlage für die Lärche waldbaulich entscheidend. Zusammenhänge zwischen dem epidemischen Schadauftreten des Lärchenwicklers und der starken anthropogenen Förderung des Lärchenanteils in den letzten Jahrhunderten, wie sie am Beispiel Engadin zu vermuten sind, wurden noch nicht geklärt.

Pathologische und entomologische Schädlinge spielen im natürlichen alpinen Vorkommen für die Lärche eine geringere Rolle als im Anbaugebiet (Schimitschek 1957). So ist beispielsweise *Thaeniothrips laricivorus* im natürlichen Verbreitungsgebiet von untergeordneter Bedeutung im Gegensatz zum Anbaugebiet (Jahn 1952).

e) Morphologische Konstitution der Lärche

Inwieweit sind Formmerkmale waldbaulich von Bedeutung? Ist es mit ihrer Hilfe möglich, die Lärche in den pflanzengeographisch-soziologisch definierten Teilarealen zu unterscheiden und damit Anhaltspunkte für eine Ansprache der Ökotypen zu gewinnen?

Die stärkere oder geringere Voll- oder Abholzigkeit des Stammes hängt eng mit der erreichbaren klimatischen oder edaphisch bedingten Wuchsleistung zusammen und variiert zu stark, als daß damit regional eine ausreichende Abgrenzung möglich wäre. Nicht allgemein verbreitet ist der Säbelwuchs bei der Lärche. Untersuchungen von Tschermak (1924) haben ergeben, daß es sich hierbei nur um standortbedingte Modifikationen handelt, die durch äußere Einflüsse, wie Wind, Schneeschub, Schneedruck oder Bodenrutschung, verursacht werden. Krummwuchs der Lärche ist zumeist edaphisch bedingt, die Veranlagung kann auch genetisch fixiert sein, wie die Vererbbarkeit des Krummwuchses bei den „Bonaduzer Lärchen" beweist (Burger 1928). Der sogenannte Korbwuchs junger Lärchen und Formmangel von Bastardlärchen kann umwelt- und erbbedingt sein (Dengler 1942).

Lärchen tiefer Lagen und des Randalpengebietes weisen geringere Berindungsstärken und Rindenprozente im Verhältnis zur Gesamtmasse auf als jene höherer Lagen und des Innenalpengebietes. Unterschiede können erheblich sein (Leibundgut 1936, Burger 1943, Schreiber 1944, Mayer 1953). Die Borkenbildung schwankt in den lokalen Populationen, da Allgemeinklima, edaphische Verhältnisse, soziologische Stellung der Bäume und Vitalität Einfluß haben. Deshalb ist nur innerhalb engbegrenzter Bereiche ein Berindungsvergleich aufschlußreich. Unterschiede in der Borkenbildung geben nur zusätzliche Anhaltspunkte für eine waldbaulich erforderliche Gliederung der Lärchenherkünfte. Außer Borkenstärke sind Form, Farbe, Rissigkeit und Abschülferungsvorgang zu berücksichtigen.

Von den höheren zu den tieferen Lagen, vom Innenalpengebiet zu den Voralpen wird im allgemeinen die Beastung der Lärche feiner. Die Äste werden vollholziger, also bei gleicher Astlänge dünner an der Ansatzstelle. Hier sind die individuellen Schwankungen besonders groß, so daß mit diesem Merkmal wohl eine nähere Charakterisierung von lokalen Lärchenherkünften möglich ist, aber insgesamt keine befriedigende Gliederung durchgeführt werden kann.

Die K r o n e n f o r m der Lärche wird von vielen Umweltfaktoren beeinflußt. Sie ist vielgestaltig. Im Alpenbereich kann nur am Ostrand in der näheren und weiteren Umgebung des Wienerwaldes ein Habitus festgestellt werden, der bei anderen Tieflagenvorkommen gelegentlich zu beobachten, aber nicht in so einheitlichem Umfange spezifisch ausgebildet ist. Die kurze, gedrungene, eiförmige Krone hat kaum gebogene, ziemlich waagrecht abgehende, etwas starre Äste erster Ordnung, an denen dann Zweige zweiter und dritter Ordnung locker hängen. Eine versuchsweise Untergliederung der Alpenlärche mittels Kronentypen ist schon methodisch sehr schwierig (S c h o b e r 1957).

Über Unterschiede in Zahl der N a d e l n bei den Kurztrieben, in der Nadelgröße (2—5 cm lang, 1—1,5 mm breit), in ihrer Anordnung an den Langtrieben, in der Nadelfarbe und im Entwicklungsrhythmus von Nadelausbruch und Nadelabfall bei den lokalen Lärchenvorkommen, die für eine Differenzierung Hinweise geben könnten, fehlen umfassende Untersuchungen. Lokale Ergebnisse befriedigender Art erhielt W e t t s t e i n (1942, 1946) bei Lärchen aus montanen und subalpinen Lagen im Tiroler Gschnitztal.

R u b n e r und S v o b o d a (1944) haben nachgewiesen, daß Zapfengröße (2—4 cm lang, 2 cm breit), Zapfenform und Ausbildung der Zapfenschuppen bei der Lärche in erheblichem Umfange schwanken. Es sollen in den Hochlagen allgemein mittlere bis größere Z a p f e n vorherrschen, während in Tieflagen kleinere (R u b n e r 1950) häufiger sind. Infolge der erheblichen individuellen Schwankungen kann nur eine eingehende, methodisch einwandfreie Untersuchung eines umfangreichen und objektiv vergleichbaren Zapfenmaterials und dessen Auswertung auf mathematisch-statistischer Grundlage die Frage endgültig klären, inwieweit Umweltfaktoren (Witterung in verschiedenen Jahren, Stellung des Baumes, Astalter, Kronenausbildung usw.) und arteigene Veranlagung für die Entwicklung der Zapfen entscheidend sind.

Untersuchungen über H o l z e i g e n s c h a f t e n , Feinbau des Holzes und von Nadeln oder über andere morphologische Eigenschaften sind zunächst noch nicht für eine Herkunftsgliederung verwendbar.

Trotz des so weit gespannten Verbreitungsgebietes ist die A l p e n l ä r c h e m o r p h o l o g i s c h z i e m l i c h e i n h e i t l i c h aufgebaut. Die vielen Herkünfte variieren lokal zu stark und im ganzen Bereich zu wenig (S a x e r 1955), als daß eine befriedigende Merkmalsdiagnose durchgeführt werden kann. Eine morphologische Unterscheidung der verschiedenen Alpenlärchenherkünfte ist im Heimatgebiet vielleicht noch möglich, nicht aber ohne weiteres im künstlichen Anbaugebiet, da Umweltbedingungen die erbliche Konstitution zu stark überlagern (vgl. R o h m e d e r 1957). Systematisch-botanische Untersuchungen der verschiedenen Lärchenherkünfte sind deshalb unerläßlich. Sie müßten an Hand eines umfangreichen Materials unter Auswertung auf mathematisch-statistischer Grundlage nachgeprüft werden. Da die beobachteten individuellen Schwankungen der Einzelmerkmale keine sichere Ansprache gestatten, sind Merkmalskombinationen besonders zu berücksichtigen. Zunächst muß man sich bei der Gliederung der Alpenlärche noch indirekter Methoden bedienen. Eine auf soziologischer Basis durchgeführte Einteilung wird den in morphologischer Hinsicht aufgezeigten Tendenzen am ehesten gerecht.

Schluß

Eine ganze Reihe von Einzelfaktoren und Faktorengruppen mit mehr oder minder großer Amplitude, die vielfältig und schwer durchschaubar ineinander greifen, bestimmen und umgrenzen das Lärchenareal. Einzelne Faktoren treten stärker in den Vordergrund, ohne aber allein für das Gedeihen maßgebend zu sein. Unter verschiedensten Aspekten ist deshalb die natürliche Verbreitung der Lärche.zu würdigen:

historisch — Frage der Arealentstehung,

genetisch — Entwicklung von Ökotypen,

physiologisch — Ansprüche an Boden und Klima,

soziologisch — Gesellschaftsanschluß und Konkurrenzkraft,

morphologisch — Formentwicklung,

biologisch — Wuchsentwicklung — Gesundheit — Lebenserscheinungen.

Die biotischen Bedingungen sind für die Baumart, nicht aber für die Ökotypen außerordentlich weit gespannt, so daß man nicht von einer Alpenlärche schlechthin sprechen kann. Wenn man die Frage nach kausalen Zusammenhängen der Lärchenverbreitung stellt, werden die Dürftigkeit des bisher erarbeiteten Grundlagenmaterials und Mängel in den Untersuchungsmethoden offenkundig. Zwangsläufig muß eine vereinfachende Darstellung gewählt werden, welche die Ursachen nur unbefriedigend deuten kann, in vielen Punkten ergänzungsbedürftig ist und den tatsächlichen komplexen Verhältnissen nicht voll gerecht wird. Die offensichtlich vorhandenen Ökotypen der sehr variablen Alpenlärche können vorerst morphologisch, biologisch und physiologisch nicht sicher genug angesprochen werden. Dazu sind noch systematische Untersuchungen auf breiter Basis zur Erreichung der taxanomischen Grundlagen erforderlich.

Der Versuch einer möglichst komplexen Beurteilung der natürlichen Verbreitung der Lärche in den Ostalpen auf soziologischer Grundlage führt zu keiner generellen Lösung des Lärchenrätsels. Diese Betrachtungsweise gibt aber wertvolle Hinweise für die genetische und waldbauliche Beurteilung der Lärche. Über diese Fragenkomplexe wird an anderer Stelle eingehend berichtet werden.

Literaturverzeichnis (Auszug)

Aichinger, E 1933. Vegetationskunde der Karawanken. Jena.

Aichinger, E. 1941. Über die Ersetzbarkeit der Faktoren im Lebenshaushalt unserer Bäume, Sträucher und Kräuter. Mitt. Akademie d. Dt. Forstw. Frankfurt am Main.

Aichinger, E. 1949. Grundzüge der Forstlichen Vegetationskunde. Wien.

Aichinger, E. 1952. Die Ersetzbarkeit der Umweltfaktoren der Pflanzen. Mitt. d. Arbeitsgemeinschaft. Institut für angewandte Pflanzensoziologie des Landes Kärnten und Landesforstinspektion für Steiermark.

Aichinger, E. 1956. Die Höhenstufengliederung Kärntens. Exkursionsführer für die XI. Internationale Pflanzengeographische Exkursion durch die Ostalpen 1956. Angewandte Pflanzensoziologie, Wien.

Auer, C. 1947. Untersuchungen über die natürliche Verjüngung der Lärche im Arven-Lärchenwald des Oberengadins. Mitt. Schweiz. Anst. Forstl. Versuchsw.

Baumgartner-Kleinlein-Waldmann 1956. Forstlich-phänologische Beobachtungen und Experimente am Großen Falkenstein (Bayerischer Wald). Forstw. Cbl.

B e r g e r , L. 1949. Das Massensterben der Tanne im Wienerwald. Österr. Vierteljahresschr. f. Forstw.

B r a u n - B l a n q u e t - P a l l m a n n - B a c h 1954. Pflanzensoziologische und bodenkundliche Untersuchungen im schweizerischen Nationalpark und seinen Nachbargebieten. Chur

B ü l o w . G. v. 1950. Die Sudwälder von Reichenhall. Diss. München.

B u r g e r , H. 1943. Frostschaden und Lärchensterben. Schweiz. Zeitschr. f. Forstw.

B u r g e r , H. 1945. Holz, Blattmenge und Zuwachs. VII. Mitt.: Die Lärche. Mitt. Schweiz. Anst. Forstl. Versuchsw..

C a m p e l l - K u o c h - R i c h a r d - T r e p p 1955. Ertragreiche Nadelwaldgesellschaften im Gebiete der schweizerischen Alpen. Beih. z. Bündnerw.

D e n g l e r , A. 1942. Ein Lärchenherkunftsversuch in Eberswalde. Zeitschr. f. Forst- u. Jagdw.

D u c h a u f o u r , P. 1952. Études sur l'écologie et la sylviculture du mélèze *(Larix europaea* DC.). Annales de l'École nationale des eaux et forêts et de la station de recherches et expériences. Nancy - Paris.

E c k m ü l l n e r - S c h w a r z , 1954. Die Waldstufen in der Steiermark. Aichinger-Festschrift. Angewandte Pflanzensoziologie, Wien.

E i d m a n n , F. 1943. Untersuchungen über die Wurzelatmung und Transpiration unserer Hauptholzarten. Schriftenreihe Akademie Dt. Forstw.

E t t e r , H. 1952. Beitrag zur Leistungsanalyse der Wälder. Schweiz. Zeitschr. f. Forstw.

F e n a r o l i , L. 1936. Il larice nella montagna Lombarda. Publ. d. sperimentale de selvicoltura, Firenze.

F o u r c h y , P. 1952. Études sur l'écologie et la sylviculture du mélèze *(Larix europaea* DC.) particulièrement dans les Alpes françaises. Ann. d. l'École nationale des eaux et forêts. Nancy - Paris.

G a m s , H. 1927. Die Geschichte der Lunzer Seen, Moore und Wälder. Intern. Revue d. g. Hydrobiol. u. Hydrographie.

G a m s , H. 1931/32. Die klimatische Begrenzung von Pflanzenarealen und die Verteilung der hygrischen Kontinentalität in den Alpen. Z. d. Ges. f. Erdkunde. Berlin.

H e s s , E. 1942. Études sur la répartition du mélèze en Suisse. Beih. z. Schweiz. Zeitschr. f. Forstw.

H o p p , P. 1956. Beiträge zur Kenntnis des durch *Dasyscypha willkommii* (Hartig) verursachten Lärchenkrebses. Diss Hann. Münden.

H u f n a g l , H. 1954. Die Waldstufenkartierung in Oberösterreich. Centralbl. f. d. ges. Forstw.

J a h n , E. 1956. Lärchenschädlinge im natürlichen und künstlichen Verbreitungsgebiet der Lärche (mit bes. Berücksichtigung der Lärchenschädlinge Österreichs). Österr. Vierteljahresschr. f. Forstw.

K ö s t l e r , J. 1950. Waldbau. Berlin-Hamburg.

K u o c h , R. 1954. Bergwälder und Baumartenwahl. Schweiz. Zeitschr. f. Forstw.

K u o c h , R. 1954. Wälder der Schweizer Alpen im Verbreitungsgebiet der Weißtanne. Mitt. Schweiz. Anst. Forstl. Versuchsw.

K u s t e r , A. 1950. Über die Grenzen der Buchenverbreitung im Veltlin. Schweiz. Zeitschr. f. Forstw.

L e i b u n d g u t , H. 1951. Aufbau und waldbauliche Bedeutung der wichtigsten natürlichen Waldgesellschaften der Schweiz. Bern.

L o n a , F. 1950. Contributi alla storia della vegetazione e del clima nel Val Padana. Atti d. Soc. Ital. d. sc. nat...Milano.

L o s s n i t z e r , H. 1948. Eine einfache graphische Witterungsdarstellung. Wetter und Klima.

M a y e r , H. 1954. Die Lärche in den Waldgesellschaften der Berchtesgadener Kalkalpen. Beih. z. Forstw. Cbl.

M a y e r , H. 1959. Waldgesellschaften der Berchtesgadener Kalkalpen. Mitt. Staatsforstverw. Bayerns, 30. Heft.

M a y e r , H. 1959. Waldgesellschaften der Chiemgauer, Kitzbüheler, Zillertaler Alpen und der Hohen Tauern (Manuskript).

M a y e r , H. 1961. Montane Wälder am Nordabfall der mittleren Ostalpen — Vegetationsgefälle in montanen Waldgesellschaften von den Chiemgauer und Kitzbüheler Alpen zu
den Hohen Tauern/Zillertaler Alpen. Habilitationsschrift.

M a y e r , H. 1961. Märchenwald und Zauberwald im Gebirge. Zur Beurteilung des Block-
Fichtenwaldes. Jahrb. Verein z. Schutze d. Alpenpflanzen und -Tiere.

M a y e r , H. 1961. Waldbauliche Beiträge zur genetischen Beurteilung der Lärche. Forstw.
Cbl.

M e r x m ü l l e r , H. 1952 — 54. Untersuchungen zur Sippengliederung und Arealbildung in
den Alpen. Jahrbuch Verein z. Schutze d. Alpenpflanzen u. -Tiere.

M o r a n d i n i , R. 1956. Il larice nella Venezia Tridentina. Publ. d. sperimentale d. selvicoltura. Firenze.

O n n o , M. 1954. Vergleichende Studien über die natürliche Waldvegetation Österreichs und
der Schweiz. A i c h i n g e r - Festschrift. Angewandte Pflanzensoziologie, Wien.

P a s s a r g e , H. 1954. Grundlagen und Aufgaben einer forstlich angewandten Arealkunde.
Archiv f. Forstw.

R o b a k , H. 1953. Über saprophytische und parasitische Rassen des Lärchenkrebspilzes
Dasyscypha willkommii (Hart.) Rehm. Zeitschr. f. Forstgenetik u. Forstpflanzenzüchtung.

R o h m e d e r , E. 1957. Umwelt und Erbgut im Leben der Waldbäume. Allgemeine Forstzeitschrift.

R u b n e r , K. 1953. Die pflanzengeographischen Grundlagen des Waldbaues. 4. Aufl. Rade-
beul und Berlin.

R u b n e r , K. 1954. Zur Frage der Entstehung der alpinen Lärchenrassen. Zeitschr. f. Forstgenetik und Forstpflanzenzüchtung.

S a x e r , A. 1955. Die *Fagus-*, *Abies-* und *Picea*-Gürtelarten in der Kontaktzone der Tan-
nen- und Fichtenwälder der Schweiz. Beitr. z. geobot. Landesaufn. d. Schweiz

S c h a r f e t t e r , R. 1938. Das Pflanzenleben der Ostalpen. Wien.

S c h a r f e t t e r , R. 1953. Biographien von Pflanzensippen. Wien.

S c h m i d, E. 1936. Die Reliktföhrenwälder der Alpen. Beitr. z. geobot. Landesaufnahme d.
Schweiz.

S c h o b e r , R. 1957. Wuchsform und Wuchsleistung von Lärchenherkünften aus den Alpen.
Allgemeine Forstzeitschrift.

S c h r e i b e r , M. 1944. Über Unterschiede in der Berindung und Verkernung bei Standortsrassen der europäischen Lärche. Forstw. Cbl.

T s c h e r m a k , L. 1933. Die Mischung Lärche-Buche in den Ostalpen. Forstarchiv.

T s c h e r m a k , L. 1935. Die natürliche Verbreitung der Lärche in den Ostalpen. Mitt. forstl.
Versuchsw. Österreichs. Wien.

W a g n e r - W e n d e l b e r g e r , 1956. Umgebung von Wien, in „Exkursionsführer für die
XI. Int. Pflanzengeogr. Exkursion durch die Ostalpen 1956." Angewandte Pflanzensoziologie, Wien.

W e t t s t e i n , W. v. 1946. Alpenlärchenrassen. Der Züchter.

Z y c h a, H. 1957. Neue Untersuchungen über den Lärchenkrebs. Allgemeine Forstzeitschrift.

Anschrift des Verfassers:
Privatdozent Dr. Hannes Mayer, Forstmeister, Sonthofen/Allgäu, Forstamt.

Der *Polylepis*-Wald in den venezolanischen Anden, eine Parallele zum mitteleuropäischen Latschenwald[*])

Von Kurt H u e c k

(Mit 10 Textbildern)

1. Die Verbreitung des *Polylepis*-Waldes in Südamerika

Die Gattung *Polylepis* ist eine auf den nördlichen Teil von Südamerika beschränkte Rosaceengattung von niedrigen Bäumen und Sträuchern. Die systematische Gliederung der Gattung ist noch keineswegs befriedigend. Sie wird durch einen schwer zu übersehenden Formenreichtum der einzelnen Arten erschwert. Wenigstens etwa ein Dutzend gut unterscheidbarer Arten lassen sich voneinander abgrenzen. Nach E n g l e r - G i l g gibt es sogar 33 andine Sträucher und Bäume in der Gattung *Polylepis*. Davon kommt in Venezuela allein die Art *Polylepis sericea* Wedd. vor. Die am weitesten nach Süden gehende Art, *Polylepis australis* Bitt., reicht bis in das nördliche Argentinien.

Die *Polylepis*-Arten sind durch einen sehr charakteristischen Sproßaufbau ausgezeichnet. Es wechseln gestauchte, von dicht gestellten Scheiden umgebene Stengelglieder mit viel längeren, blattlosen Sproßabschnitten ab (Abb. 1). Sehr bezeichnend ist ferner für alle Arten die papierähnliche Rinde, die sich in auffallender Weise in rotbraune Fetzen auflöst. Die *Polylepis*-Arten gehören in den Anden zu den am höchsten aufsteigenden Holzgewächsen. Sie bilden an der Waldgrenze kleine Gehölze, meist in einer eigenen Höhenstufe.

Der andine *Polylepis*-Buschwald ist wegen seines Vorkommens in so großen Höhen für die menschliche Wirtschaft von erheblichem Wert, und die noch vorhandenen Bestände verdienen die größte Beachtung. Seine Bedeutung liegt zunächst, wenn auch nicht in der Hauptsache, darin, daß er für die spärliche Bevölkerung der höchsten Lagen der einzige Nutzholz- und der wichtigste Brennholz-

*) Als der Verfasser dieser Arbeit noch in Südamerika tätig war, wurde er oft von Kollegen aus Europa über Einzelheiten, insbesondere über das ökologische Verhalten und die praktische Bedeutung dieser wichtigen südamerikanischen Waldgesellschaft befragt. Der Verfasser hat darüber in den Veröffentlichungen des Instituto Forestal Latino-Americano in Mérida, Venezuela, eingehend berichtet. Da diese Arbeit auf Spanisch veröffentlicht und in Europa nur schwer zugänglich ist, wird hiermit eine deutschsprachige, speziell für den europäischen Leser neu bearbeitete Übersetzung vorgelegt. Ich danke dem Direktor des Instituto Forestal, Herrn Dr. Pausolino M a r t i n e z, für die freundlichst erteilte Genehmigung zu diesem Abdruck.

Die Übersetzung aus dem Spanischen und die weitere Bearbeitung speziell für die Veröffentlichung an dieser Stelle erfolgte mit Hilfe einer Sachbeihilfe der Deutschen Forschungsgemeinschaft.

lieferant ist. Viel wichtiger ist aber sein Einfluß auf den Wasserhaushalt der Quell-
gebiete der andinen Flüsse und auf den Schutz des Bodens gegen Erosion. Es lag
daher nahe, diesem Waldtyp eine kleine Studie zu widmen.

Abb. 1. Blühender Zweig von *Polylepis sericea*. Laguna Negra, Mérida.

Die *Polylepis*-Wäldchen des n ö r d l i c h e n A r g e n t i n i e n, von
P. australis (= „Queñoa" der örtlichen Bevölkerung, Abb. 2) gebildet, erinnern in
ihrem Aspekt und in ihrem ökologischen Verhalten stark an die venezolanischen
Polylepis sericea-Bestände. Sie finden sich an feuchten Standorten, im Grunde von

58

tief eingeschnittenen Tälern und an schattigen Hängen oberhalb der dortigen Erlen-
waldgrenze (von *Alnus jorullensis*) als ein letzter, meist schon recht lichter Waldtyp. Sie treten heute nur noch inselförmig in Flecken von geringer Ausdehnung auf.
Polylepis australis erreicht in geschützten Lagen Höhen von 8 m. Die obere Grenze
liegt in Höhen von 3500 m. Der Unterwuchs erinnert sehr an die Begleitvegetation
der Erlenwälder. In den höheren Lagen fällt ein starker Bewuchs mit flechtenähn-
lichen Bromeliaceen (*Tillandsia*, ob *usneoides?*) auf.

Die Südgrenze von *Polylepis australis* und damit der Gattung *Polylepis* überhaupt geht durch die Sierras Grandes bei Córdoba, wo es Queñoa-Vorkommen in
der relativ niedrigen Lage von 1500 m gibt (A. L. C a b r e r a 1958).

Abb. 2 Isolierte, dichte *Polylepis*-Wäldchen *(Polylepis australis)* oberhalb der Grenze des
zusammenhängenden Waldes im Tal von Tafi del Valle, Prov. Tucumán, Argentinien.

Aufn. K. Hueck

Wo der Erlenwaldgürtel unterhalb des *Polylepis*-Gürtels noch erhalten ist, da
werden die Queñoa-Bestände kaum genutzt. An den übrigen Stellen sind die Bestände vielfach dem Brennholzbedarf der Bevölkerung zum Opfer gefallen. Das
Queñoa-Gebüsch ist ferner für die Befestigung der leicht abtragbaren Böden in
diesen großen Höhen wichtig.

Eine andere *Polylepis*-Art, *P. tomentella,* die gleichfalls noch bis in das nördliche Argentinien einstrahlt, bildet in der wüstenhaften, trockenen Puna in Höhenlagen zwischen 3500 und 4300 m kleine, 4—5 m hohe Gebüsche, die ebenfalls seit
alter Zeit als Brennholzlieferanten genutzt werden. Selbst die großen Minen, die es
in dieser Region gibt, sind auf das Queñoa-Holz als Energiequelle angewiesen.
Inmitten einer Umgebung, die heute dem Baum- und Strauchwuchs absolut feind-
lich ist. können ihre Vorkommen vielleicht als Relikte aus einer klimatisch günsti-

geren Zeit angesehen werden. Von weitem gesehen wirken die dunkelgrünen Flecke der Queñoa in ihrer gelben, sterilen Umgebung sehr auffallend.

Auch in B o l i v i e n wachsen *Polylepis*-Arten an zwei ökologisch ganz verschiedenen Standorten. Im trockenen Andeninnern bildet die fast xeromorphe *Polylepis villosa* ein niedriges Gestrüpp aus krüppeligen Bäumen und Sträuchern, die kaum über 3 m hoch werden, wie vielfach in 3900 m Höhe auf steinigen Böden um den Titicacasee herum. Oft wechseln diese Buschinseln mit Kakteenhorsten (Pilocereen) ab. Die Höhenlage der halbxeromorphen *Polylepis*-Büsche schwankt zwischen 3500 und 4100 m. Wesentlich feuchter sind die Standorte von *Polylepis hypoleuca,* die an den regenreichen Ost-, Nordost- und Nordhängen der Anden in unmittelbarem Kontakt mit *Alnus jorullensis*-Wäldern in 2500—3500 m Höhe einen vielfach unterbrochenen Gürtel bilden. Ihre Ähnlichkeit mit den *Polylepis*-Standorten in Venezuela ist groß.

Eine dritte *Polylepis*-Art, *P. incana,* nennt H e r z o g aus dem höheren Berggebiet zwischen Pojo und Cochabamba, die hier zusammen mit *Hesperomeles,* einer auch in den venezolanischen *Polylepis*-Gebüschen vorkommenden Rosaceen-Gattung, vorkommt. Sie ist auch sonst in Bolivien häufig.

Ganz allgemein sind die *Polylepis*-Arten in Bolivien nicht nur als Brennholz geschätzt, sondern die kupferrote Rinde liefert auch ein gesuchtes Gerbmittel, von dem z. B. die gelbbraune Färbung der im Hochland viel gehandelten Vicuñafelle herrührt.

Ausgedehnte *Polylepis*-Wälder werden auch fast aus dem ganzen Bereich der p e r u a n i s c h e n A n d e n aus dem Gürtel oberhalb des Waldes angegeben. Sie gedeihen in Höhenlagen von 3000—4500 m, vereinzelt auch ab 2600 m (W e b e r - b a u e r 1945). Genannt wird vorzugsweise *Polylepis multijuga,* deren Standortsbedingungen etwa die gleichen sind wie die der argentinischen *Polylepis australis* und der venezolanischen *P. sericea.* Daneben werden von W e b e r b a u e r noch *P. albicans, P. incana, P. racemosa, P. rugulosa, P. serrata, P. subquinquefolia, P. subsericans* und *P. weberbaueri* angegeben. In der zentralen Puna erreichen die Bäume in den *Polylepis*-Wäldern Baumhöhen von 8 m in feuchten Lagen noch in Höhen von 4200 m über dem Meer. Vielfach sind die Bäume von halbparasitären Loranthaceen befallen.

Aus E c u a d o r werden von R i m b a c h von der Waldgrenze in der westlichen Cordillere 5 m hohe Wäldchen von *Polylepis lanuginosa* angegeben, die oft mit scharfer Grenze gegen die baumlosen Páramos angrenzen.

Im übrigen verdanken wir D i e l s (1937) die beste Zusammenstellung der Angaben über das Auftreten von *Polylepis* in Ecuador. D i e l s betont, daß es in Ecuador im Gegensatz zu den südlicheren Anden keinen besonderen Páramowald von *Polylepis* gäbe. Weder am Chimborazo noch in anderen Teilen des Landes hat dieser Autor einen eigenen *Polylepis*-Wald gesehen. *Polylepis* ist hier vielmehr ein Bestandteil der „Ceja", d. i. des oberen Saumes der andinen Waldstufe, die im übrigen ein buntes Gemisch von Holzarten aus verschiedenen Familien darstellt. S c h i m p e r nennt vom Chimborazo „vereinzelte knorrige Zwergbäumchen" von *Polylepis lanuginosa,* H. M e y e r gibt *P. incana* an. S t u e b e l hat am Iliniza vereinzelte *Polylepis*-Bäume noch bei 4340 m gesehen, doch dürfte es sich dabei um ein topographisch begünstigtes Vorkommen handeln.

Aus C o l u m b i a sind nach K o t s c h w a r (brieflich) zwei Arten bekannt, nämlich *P. cocuyensis* und die venezolanische Art *P. sericea.* B i t t e r erwähnt in seiner Monographie noch *P. quadrijuga. Polylepis cocuyensis* wächst zu einem

Baum von 8 m Höhe heran. Er wird aus dem Departamento Boyaca aus Höhen zwischen 3000 und 3800 m von den Páramos Guina und Rusia, von der Nevada Cocuy (sämtlich in der Ostkordillere) und vom Rio Upia genannt. Von *Polylepis sericea* werden weit von der venezolanischen Grenze entfernte Standorte aus der Zentralkordillere (Departamento Caldas, Páramo Ruiz, El Aprisco) angegeben.

2. Die Verbreitung des *Polylepis*-Waldes in Venezuela

Die Angaben über das Auftreten von *Polylepis sericea* in Venezuela geben oft nicht das rechte Bild von der geringen Ausdehnung, die dieser Waldtyp hier besitzt. Tatsächlich scheinen *Polylepis*-Wälder ganz auf die nähere Umgebung von Mérida beschränkt zu sein. Sie finden sich hier südlich des Längstals, durch das der Rio Chama fließt, in der Sierra Nevada und in der Sierra de Santo Domingo (Abb. 3). Einige dieser Vorkommen sind auf der Waldkarte der Anden (Mapa Forestal de los Andes) von J. P. V e i l l o n (1955) verzeichnet, soweit der Maßstab der Karte das gestattet. Aus der Sierra Sto. Domingo sind sie ferner von V. V a r e s c h i beschrieben worden.

Nach mündlichen Angaben von H. L a m p r e c h t, M. B u s a u. a. gibt es ferner in den nach Süden gegen das Chamatal gerichteten Tälern der Cordillera del Norte (Páramos de Conejos) mehrfach kleine *Polylepis*-Wäldchen. An den Nordhängen der Cordillera del Norte verzeichnet zwar die Karte von V e i l l o n ein Vorkommen am Oberlauf eines Quellflusses vom Rio Torondoy, doch scheint *Polylepis* hier viel seltener zu sein als auf der Südseite des Gebirges und stellenweise wohl auch ganz zu fehlen.

Aus der Cordillera de Trujillo sind bisher, obgleich hier das Gebirge auch mehrfach bis über 4000 m hinauswächst, *Polylepis*-Wäldchen ebensowenig bekannt geworden wie aus den Gebirgsketten um Tovar (Páramos von La Negra, Las Tapias, Rio Negro und Molino). Auch aus den floristisch allerdings sehr wenig oder gar nicht erkundeten Gebirgszügen südlich von San Cristobal sind *Polylepis*-Wälder bis jetzt nicht bekannt. Die Karte von V e i l l o n zeigt hier keine Vorkommen.

Sämtliche *Polylepis*-Wälder im Staat Mérida liegen in Höhen zwischen etwas über 3000 (meist erst ab 3200 m) und 4200 m. Vereinzelte *Polylepis*-Büsche kommen oberhalb der Laguna de Mucubají am Aufstieg zur Sierra de Santo Domingo noch etwas höher vor. Das *Polylepis*-Gebüsch an der Laguna verde steht ebenfalls in etwa 4200 m. Auch hier gibt es vereinzelte Büsche, geschützt vor dem Wind und begünstigt durch feuchtere Böden, in kleinen Tälchen in noch etwas höheren Lagen. An exponierten Stellen gibt es in dieser Höhe keinen *Polylepis*-Wald mehr (mündlich Dr. S c h r e u d e r).

3. Die Stellung des *Polylepis*-Waldes im System der andinen Waldgesellschaften

Die Höhengliederung der andinen Wälder, vorzugsweise im Staat Mérida, zeigt nach J. P. V e i l l o n das folgende Bild. Die weiten Ebenen am Nordfuß des Gebirges bis zum Lago de Maracaibo sind die Domäne des tropischen Regenwaldes (bosque pluvial macrotérmico). Der Süden der Anden wird von den Alisio-Wäldern der Llanos (bosques tropófitos) begrenzt, die aber auch in den Bergen einige

hundert Meter weit aufsteigen. In den Anden selber wird in Höhen von etwa
500—1200 m der submontane Bergwald (bosque pluvial submontano) unterschieden, über dem sich der andine Nebelwald (bosque nublado andino) ausbreitet. Die

Abb. 3. Dichter, ununterbrochener Buschwald von *Polylepis sericea* an den Hängen der Karmulde der Laguna Negra in der Sierra de Santo Domingo.

Aufn. K. Hueck

obere Grenze des hochstämmigen Waldes verläuft sehr unruhig. Sie ist häufig
unterbrochen und durch mancherlei Einflüsse, wie topographische Verhältnisse
oder menschliche Beeinträchtigung, oft nur in Teilstücken sichtbar. Es ist aber

62

deutlich zu erkennen, daß diese für den Ausdruck der Landschaft so wichtige Linie
bei etwa 2500—3000 m verläuft. Darüber breitet sich die baumlose Vegetation der
Páramos aus (Abb. 4).

Inmitten der Páramo-Vegetation gibt es aber noch einen andinen Buschwald,
die „bosques altoandinos parameros" der Gliederung von V e i l l o n. Dieser Buschwald bildet nicht eine Zone, die nur gelegentlich unterbrochen ist, sondern der
Wald ist hier ganz in einzelne Inseln aufgelöst, die miteinander in keinem Zusammenhang mehr stehen. Das Stockwerk dieser Páramo-Wälder reicht bis etwa 4200 m
aufwärts. In ihm ist *Polylepis sericea,* der „Coloradito" der einheimischen Bevölkerung, die vorherrschende und oft die allein vertretene Holzart.

Abb. 4. Páramo-Vegetation mit *Espeletia schultzei* in der Sierra de Santo Domingo,
Estado Mérida.

Aufn. K. Hueck

Es fällt aber auch auf, daß der *Polylepis*-Wald heute nicht nur in lauter kleine
Flecke aufgelöst ist, sondern daß er, soweit bekannt, nirgends einen unmittelbaren
Zusammenhang mit den Wäldern der nächst niedrigeren Stufe, den andinen Nebel-
wäldern, hat. Das hebt die inmitten der Páramo-Vegetation gelegenen *Polylepis*-
Wälder soziologisch von allen anderen andinen Bergwäldern ab und verschafft
ihnen eine Sonderstellung im System der venezolanischen Waldgesellschaften. Es ist
nicht wie in Europa, wo das Legföhrengebüsch eine hohe pflanzensoziologische
Affinität mit den höchstgelegenen Fichten-, Lärchen- und Zirbenwäldern hat. Der
Polylepis-Wald der Anden hat seinen pflanzensoziologischen Kontakt offenbar eher
mit den baumfreien Gesellschaften oberhalb der geschlossenen Waldgrenze, doch
sind genauere Untersuchungen im Sinne der europäischen pflanzensoziologischen
Forschung bisher erst in Vorbereitung.

In diesem Zusammenhang gewinnt auch die Vorstellung eine besondere Bedeutung, die in den *Polylepis*-Wäldern eine Reliktgesellschaft sieht, die mit den übrigen

Bergwäldern der Anden wegen ihrer abweichenden Entwicklungsgeschichte wenig gemeinsam hat und die als ein Zeugnis ehemals anderer klimatischer Bedingungen, vor allem mit niedrigeren Temperaturen, aufzufassen ist. Von den Wäldern der Ebene bis in die obersten Nebelwälder reichen Vertreter wahrhaft tropischer Familien: Lauraceen, Meliaceen, Myrtaceen u. a. Sie dringen noch in die *Podocarpus*-Wälder der Nebelregion ein. In den *Polylepis*-Wäldern verschwindet dieses Element fast völlig. Es findet sich dafür eine ganz andere floristische Zusammensetzung, in der unter den Holzgewächsen Rosaceen-, Ericaceen- und strauchige Saxifragaceen-Gattungen eine wesentlich größere Rolle spielen als in tieferen Lagen, in die sie meist gerade am Rande noch einzudringen vermögen.

Besonders deutlich ist der Abstand zwischen den *Polylepis*-Wäldern und den anderen Bergwäldern in ökologischer Hinsicht. Die jetzige Lage der geschlossenen Baumgrenze entspricht ungefähr der Höhe jener Linie, von der ab es in tiefen Lagen auch in kalten Nächten keinen Frost mehr gibt. Es scheint, daß auch die höchsten Teile des Nebelwaldes von Temperaturen unter Null verschont bleiben. Dagegen ist im *Polylepis*-Wald in allen Monaten mit Frostgefahr und mit allen ihren Folgen für die Vegetation zu rechnen.

4. Die ökologischen Bedingungen im *Polylepis*-Wald

Die Wälder von *Polylepis sericea* in den Anden von Mérida liegen sämtlich in der Höhenstufe der „Tierra fria" oder der „Páramos". Von den Standorten der *Polylepis*-Wälder in der Puna von Peru, Bolivien und Argentinien unterscheiden sich die Páramos durch größere Feuchtigkeit. Es fehlen ihnen daher die Hochgebirgs-Steppen und -Wüsten, die für die Puna charakteristisch sind. Die venezolanischen Páramos sind, von den höchsten Lagen abgesehen, in der Regel mit einer fast lückenlosen Decke von Gräsern und Kräutern überzogen.

Meteorologische Stationen gibt es in den Hochebenen von Mérida nur sehr wenige. Seit 1942 ist eine Regenmeßstation auf dem Páramo de Mucuchíes in 4220 m eingerichtet, und seit 1958 besteht eine Station zum Messen der Regenmenge und der Temperatur an der Laguna der Mucubají in 3600 m Höhe. In Mucuchíes besteht in der Höhe der unteren Grenze der Páramos in 2980 m Höhe eine meteorologische Station, von der ebenfalls Daten über die Regenhöhe und über die Temperaturen veröffentlicht sind (E. Gonsalez, 1948).

In den Páramos von Mucuchíes (4221 m), d. h. etwa in der Höhe der obersten *Polylepis*-Verbreitung, fallen im vieljährigen Durchschnitt 682 mm Niederschlag, in Mucuchíes (2980 m) in der Höhenlage der unteren *Polylepis*-Grenze gibt es 708 mm Regen. Extrem trockene Jahre waren in den Páramos von Mucuchíes das Jahr 1944 mit 594 mm, in Mucuchíes das Jahr 1941 mit 601 mm Regen. Im regenreichen Jahr 1946 hatten die Páramos von Mucuchíes 781 mm Niederschlag, in Mucuchíes gab es 1945 811 mm. Die Zahl der Regentage beträgt in Mucuchíes im Durchschnitt 137 (Maximum 154, Minimum 127). Nur ein ganz verschwindend kleiner Teil des Niederschlages, schätzungsweise weniger als 1 v. H., fällt in den Lagen ab 3200 m als Schnee. Er fällt meist in der Nacht und verschwindet in den ersten Morgenstunden. Es ist eine ausgesprochene Regenzeit vorhanden, die von April bis Oktober dauert. Etwa 90 v. H. des gesamten Niederschlages fällt während dieser Zeit.

Zum Vergleich sei mitgeteilt, daß die Standorte der in ökologischer Hinsicht sich ähnlich wie *Polylepis sericea* verhaltenden mesophytischen *Polylepis racemosa* aus dem nördlichen Argentinien teilweise nur 400—450 mm und die xerophytischen

Polylepis-Arten der trockenen zentralandinen Puna oft kaum 150 mm und noch weniger Niederschlag erhalten.

Langjährige Temperaturmessungen sind bisher aus der mittleren Höhenlage der *Polylepis*-Wälder nicht veröffentlicht worden. Es stehen nur die Beobachtungen von Mucuchies zur Verfügung, doch lassen sich daraus und aus den übrigen Temperaturbeobachtungen im Chamatal leicht die ungefähren Temperaturen der einzelnen Höhenstufen des *Polylepis*-Waldes berechnen. Die Jahresdurchschnittstemperaturen werden für das Chamatal wie folgt angegeben:

Egido	1167 m	22,6⁰
Mérida	1623 m	19,2⁰
Mucuchies	2980 m	11,0⁰

Zwischen Egido und Mérida beträgt nach diesen Angaben die Temperaturabnahme etwa 0,74⁰ je 100 m, zwischen Mérida und Mucuchies 0,61⁰. Auf der Grundlage einer mittleren Temperaturabnahme von 0,67⁰ C errechnet sich für Höhenlagen von 3600 m (optimales Wuchsgebiet der *Polylepis*-Wälder) eine Jahrestemperatur von 6,9⁰ C und für Höhenlagen von 4200 m (obere *Polylepis*-Waldgrenze) eine Jahrestemperatur von 2,8⁰.

Die Temperaturen sind das ganze Jahr hindurch keinen großen Schwankungen ausgesetzt, das heißt, die Differenz zwischen der Mitteltemperatur des kältesten und des wärmsten Monats ist gering. Sie beträgt etwa 2⁰ C. Die bei Mucuchies gemessenen Temperaturen bestätigen die längst bekannte Tatsache der Gleichmäßigkeit der mittleren Monatstemperaturen in den Tropen. Das gilt, soweit darüber Messungen vorliegen, für alle Höhenstufen der Anden.

Dagegen wird der Temperaturablauf durch starke tägliche Schwankungen charakterisiert. In den Nächten kommt es in Höhenlagen oberhalb 3200 m oft zu Frosten, womit in 3600 m das ganze Jahr hindurch in jedem Monat zu rechnen ist. Der Frost dringt etwa 3—4 cm in den Boden ein und es bilden sich hier senkrecht gestellte kleine Eisnadeln. Die Bildung von Reif ist häufig, doch verschwindet er ebenso wie der etwa gefallene Schnee sehr rasch. Es ist eine Voraussetzung für das Gedeihen sämtlicher in den Páramos wachsenden Pflanzenarten, daß ihr Wurzelsystem widerstandsfähig genug ist gegen die Beanspruchung durch tägliches Gefrieren und Wiederauftauen des Bodens, das leicht zu einer Gefährdung der feineren Wurzelenden und der Wurzelhaare führen kann.

Die Páramovegetation, einschließlich der *Polylepis*-Wälder, wird von I. T a m a y o als „Formación xero-micro-térmica" bezeichnet. Er charakterisiert den Standort weiterhin als trocken, geneigt und steinig, mit niedrigen Temperaturen, und starken Winden unterworfen, die die Evaporation und die Transpiration begünstigen.

Die Kennzeichnung der Páramovegetation als x e r o - microtherm liegt zweifellos nahe für den Ökologen, der sich den andinen Hochflächen aus der regenreichen Ebene des südlichen Maracaibo-Sees oder aus anderen Gebieten mit Regenwald oder laubwechselnden Wäldern nähert. Und dennoch trifft eine solche Charakterisierung nicht die wahren Verhältnisse. Wenn wir den speziellen ökologischen Charakter der Páramos hervorheben wollen, sollten wir diese Vegetation viel besser und in erster Linie mit der Pflanzenwelt der übrigen Hochanden vergleichen. Dann ergibt sich ein wesentlich anderes Bild. Dann werden wir auch erkennen, daß es offenbar nicht so sehr an den fehlenden Wasservorräten im Boden liegt, wenn die

Vegetation trotz der nicht unbedeutenden Niederschläge teilweise einen schwach xerophytischen Eindruck macht, sondern daß offenbar Schwierigkeiten der Wasseraufnahme aus dem kalten Boden hinzukommen (G o e b e l).

Tatsächlich wird von jenen Pflanzengeographen und Ökologen, die Gelegenheit gehabt haben, die Vegetation der Páramos mit derjenigen der Puna zu vergleichen, die relative Feuchtigkeit des Klimas der venezolanischen Hochanden hervorgehoben, die ihren Ausdruck in dem Vorkommen von *Sphagnum*-Arten und in der Entstehung von anmoorigen Stellen findet, wie sie in der Puna mit stellenweise 100 mm Niederschlag und weniger undenkbar sind.

Der grundsätzlich verschiedene Klimacharakter in der trockenen Puna des Südens einerseits und in den feuchten Páramos der nördlichen Anden andererseits kommt auch in der Ausbildung ganz andersartiger Böden an den beiden Standorten zum Ausdruck. Die Puna-Böden sind nährstoffreiche, aber stets trockene, nicht ausgewaschene Wüsten- und Steppenböden. Das aride Puna-Klima erzeugt keine Humusböden im engeren Sinne. Meist sind die Böden völlig humusfrei. Nur wo in größeren Höhen die Zersetzung der von der Vegetation gebildeten organischen Substanz sich verzögert, kann es zur Bildung von grauen Steppenböden kommen. Die humiden Páramoböden und ganz besonders der Boden im *Polylepis*-Wald sind dagegen ausgesprochene Humusböden, teils mit eingelagertem Humus, zum Teil sogar mit Auflagehumus, wie sie in anderen stärker beregneten Hochgebirgen ebenfalls beobachtet werden.

Um den Ariditäts- bzw. Humiditätsgrad eines bestimmten Klimas in der Form eines Diagrammes auszudrücken, sind verschiedene Methoden ausgearbeitet worden. Eine sehr einfache, aber eindrucksvolle Darstellung wird von G a u s s e n angewandt. Als die beiden wesentlichen Faktoren, die den Wasserhaushalt der Vegetation regeln, gelten Niederschlag (P) und Temperatur (T). Es hat sich aus vielfacher Erfahrung ergeben, daß die Pflanze unter Trockenheit leidet, wenn $P < 2\,T$ ist, wobei P in mm, T in Zentigraden ausgedrückt wird. Obgleich diese Methode keine unbedingte Genauigkeit beanspruchen kann, weil viele andere Faktoren nicht berücksichtigt sind, die gleichfalls den Wasserhaushalt beeinflussen (Wind, Exposition und der ganze Komplex der edaphischen Faktoren), ist sie doch gut anwendbar, um einen ersten Überblick zu erhalten.

Wenn wir diese Methode auf die Hochlagen der Anden von Mérida anwenden, so sehen wir, wie tatsächlich die Bedeutung der ariden Monate auf den höchstgelegenen Páramos gegenüber der Höhenstufe von etwa 3000 m (Mucuchies mit fünf ariden Monaten) abnimmt und wie schließlich wirklich aride Monate nicht mehr vorhanden sind. Wer einmal in der Trockenzeit, d. i. die Zeit von November bis Januar, auf den Páramos gewesen ist, der weiß, wie hoch auch dann noch die Luftfeuchtigkeit ist und wie oft es zu Nebelbildungen kommt, so daß hier von einem xero-microthermen Charakter des Klimas wirklich nicht gesprochen werden kann.

Als ein Faktor, der für den Gebirgswald vielfach von großer Bedeutung ist, sollte noch der Wind genannt werden. Leider besitzen wir über seine Stärke nur ungenügende nähere Angaben. Die Andenwinde kommen mit großer Regelmäßigkeit als Fallwinde in den Vormittagsstunden aus den Höhen herunter in die Täler und wehen nachmittags in genau entgegengesetzter Richtung. Die vorliegenden Messungen von Mucuchies lassen erkennen, daß der Andenwind nicht so stark ist, wie vielfach angenommen wird, wenn auch vereinzelt von sehr starken Stürmen berichtet wird. Ich selber habe an mehr als zwei Dutzend Exkursionstagen zu allen Jahreszeiten keinen ungewöhnlich starken Sturm erlebt. Zweifellos hat der Wind in den nordamerikanischen und europäischen Gebirgen eine viel größere Gewalt, und vor allem die extrem starken Winde sind in den Gebirgen der Nordhalbkugel offenbar häufiger als in den Anden.

Das äußert sich vor allem in dem Fehlen einseitig entwickelter Kronensysteme an den Bäumen der Waldgrenze. Jene phantastischen Baumgestalten, die es in Nordamerika und Europa an der Waldgrenze gibt, sind in den *Polylepis*-Wäldern unbekannt. In der Regel ist der formende Einfluß des Windes selbst auf isoliert stehende Bäume unbedeutend, meist ist nur eine allgemeine Hemmung des Wachstums zu bemerken.

Beispiele dafür, daß der Wind die *Polylepis*-Bäumchen entwurzelt, fehlen ganz. Natürlich werden von starken Stürmen gelegentlich Äste abgebrochen, meist solche, die schon vorher abgestorben waren. Aber es konnte nirgends beobachtet werden, daß ganze Baumstämme gebrochen werden, wie das in anderen Regionen an der Baumgrenze die Regel ist.

Abb. 5. Windgeschorenes Gebüsch von *Hesperomeles pernettioides* in der Sierra de Santo Domingo.

Aufn. K. Hueck

Dagegen ist die Reduktion des Höhenwuchses durch Windeinfluß, in gewissem Maße wohl auch durch Temperatureinfluß, ein Phänomen, das überall im *Polylepis*-Wald zu beobachten ist. Die *Polylepis*-Bäumchen der unteren und mittleren Lagen haben vielfach Höhen von 5—7 m, und etwa 200 m oberhalb der dritten Station der Drahtseilbahn von Mérida wächst in einem kleinen *Polylepis*-Bestand ein geradezu riesiges Exemplar von 8 m Höhe mit über 40 cm Stammdurchmesser. Dagegen werden die Bäume in den höchstgelegenen *Polylepis*-Wäldern selten höher als 3—4 m, und auch in niedrigeren Lagen werden diejenigen Bäume nicht höher, denen es gelungen ist, an stark exponierten Stellen aufzukommen. Am meisten wird der Wuchs naturgemäß am Bestandesrand beeinflußt.

Auf manche Sträucher wirkt der Wind dagegen stark formverändernd, insbesondere, wenn sie in unmittelbarer Nähe von Steinen aufwachsen. Die Abb. 5 zeigt ein Beispiel für ein solches Verhalten.

5. Soziologische Beobachtungen

Auf eine eingehende floristisch-soziologische Analyse des *Polylepis*-Waldes kann hier verzichtet werden, weil eine solche Bearbeitung bereits seit längerer Zeit von botanischer Seite (V. V a r e s c h i) her begonnen wurde. Es seien daher zur Charakterisierung des Waldes nur einige wichtigere Beobachtungen mitgeteilt.

D i e B a u m s c h i c h t. Der *Polylepis*-Wald der venezolanischen Anden ist ein lichter Buschwald von 4—6 m Höhe (Abb. 6). Da sich die neuen Blätter von *Polylepis sericea* meist schon entwickeln, wenn die alten noch nicht ganz abgefallen sind, sind die Bestände immergrün.

Abb. 6. Optimal entwickelter Buschwald von *Polylepis sericea* in der Sierra de Santo Domingo.

Aufn. K. Hueck

Die Baumschicht ist außerordentlich artenarm. In den unteren und mittleren Höhenlagen ist *Vallea stipularis (Elaeocarpaceae)* häufiger eingestreut, oder es finden sich hier Stämme von *Espeletia neriifolia (Compositae)*. Gelegentlich kann auch *Aragoa lucida (Scrophulariaceae)* baumförmig im *Polylepis*-Wald auftreten. In den höchsten Lagen ist die Baumschicht des *Polylepis*-Waldes frei von anderen Holzarten.

Vallea stipularis ist in der Hauptsache eine Art des höheren Bergwaldes mit zarten, langgestielten Blättern und dunkelroten Blüten, der in der Trockenzeit sein Laub verliert. Blütezeit Mai bis Juni. Für die Festigung des Bodens ist die Art ohne großen Wert.

68

Espeletia neriifolia (Abb. 7) ist in den Páramos von Mérida weit verbreitet, sie kommt in den Hochlagen der Gebirge bis in die Gegend von Caracas vor. Gruppen davon gibt es in den Páramos besonders am Ufer der Laguna Negra. In ihr spiegelt sich die seltsame Wuchsform der Schopfbäume mit rosettig gestellten Blättern besonders deutlich wider (Abb. 8), eine Form, die auch für andere Kompositengruppen tropischer Gebirge charakteristisch ist (Gattung *Senecio* auf den afrikanischen Hochgebirgen an der Waldgrenze).

Abb. 7. Etwa 4 m hohes Bäumchen von *Espeletia neriifolia* im *Polylepis*-Wald an der Laguna Negra.

Aufn. K. Hueck

Aragoa lucida (Scrophulariaceae), ist eine altertümlich anmutende Art mit schuppenförmigen Blättern, die im allgemeinen bis zu 2 m hoch wird. Sie kann vereinzelt im *Polylepis*-Wald bis zu 4 m hohen Bäumchen mit 20 cm starken Stämmen heranwachsen. Dank ihres oberflächlich weit verzweigten Wurzelsystems und wegen der Fähigkeit, sich bei Verwundungen aus dem Stock und aus den Wurzeln rasch zu regenerieren, ist sie für die Befestigung des Bodens von ganz besonderer Bedeutung.

Der Epiphytenwuchs im *Polylepis*-Wald ist dank der großen Nebelhäufigkeit sehr beträchtlich. Sowohl Laub- wie Strauchflechten bedecken zusammen mit Moosen die Stämme in den Astgabeln mit dicken Polstern, andere Moosarten hängen in langen Girlanden von den Ästen herab. Allerdings wird der Epiphytenwuchs gerade an den *Polylepis*-Stämmen durch die Eigentümlichkeit der Rinde gehemmt, sich ständig in dünnen Lagen abzulösen. Epiphytische Farne sind *Elaphoglossum dombeyanum,* das auch zwischen Steinen und im Geröll häufig ist, und verschiedene *Polypodium*-Arten. Weit verbreitet ist als ein phanerogamer Epiphyt die zierliche, etwas sukkulente *Peperomia microphylla.*

D i e   S t r a u c h s c h i c h t. Die bodenfestigende Wirkung der Bäume wird von einer artenreichen Strauchschicht verstärkt. Da der *Polylepis*-Wald ziemlich

licht ist, können viele Straucharten von den offenen Páramos eindringen. An erster
Stelle ist auch hier wieder *Aragoa lucida* zu nennen, deren Bedeutung für die
Festigung der Bodenoberfläche besonders an geneigten Hängen sichtbar wird.
Offenbar vermag sie durch ihre große Ausschlagskraft sich in relativ kurzer Zeit
über eine mehrere Quadratmeter große Fläche auszubreiten. Nicht weniger groß
ist die Bedeutung von *Arctophyllum caracasanum (Rubiaceae)*, dessen meterhohes,
nadelförmig beblättertes Gestrüpp sich auch an sehr windexponierten Stellen noch
durchzusetzen vermag.

Abb. 8. Schopfbäume von *Espeletia neriifolia* an der Laguna Negra.

Aufn. K. Hueck

Überhaupt ist die Zahl der Sträucher mit schuppenförmigen oder nadel-
förmigen Blättern groß. Damit wird nicht nur die assimilierende, sondern auch die
transpirierende Oberfläche der Sträucher verringert. Zu diesen Arten gehören vor
allem die beiden *Hypericum*-Arten *H. laricifolium* und *H. brathys*, deren eigent-
licher Biotop die offenen Páramos sind, die sich aber überall auch an lichten Stellen im *Polylepis*-Wald ausbreiten. Beide sind durch eine sehr kräftige Bewurzelung
ausgezeichnet. Obgleich die oberirdische Entwicklung von *Hypericum laricifolium*
nicht erheblich ist und der Strauch kaum höher als ¾ m wird, besitzt er doch ein
unmittelbar unter der Bodenoberfläche weit verzweigtes Wurzelsystem. Gemessen
wurde eine radiale Entwicklung bis zu 1,00 m (Durchmesser 2,00 m), bei einer
Tiefenentwicklung bis zu 45 cm. *Hypericum brathys* wird etwas höher, das Wurzelsystem ist ähnlich gebaut. Ausschlag durch sekundäre Knospen ist nur unmittelbar am Wurzelhals beobachtet worden. Dagegen ist die Vermehrung durch Samen
erheblich. Beide Arten blühen reichlich und setzen auch zahlreiche Fruchtkapseln
an. Jungpflanzen wurden vielfach beobachtet. Für die Verbreitung der Samen
spielt der Wind eine Rolle. Die Samen sind klein, sie werden in jeder Kapsel in

70

großer Zahl erzeugt, und sie können, durch starke Windstöße aus den Kapseln geschleudert, viele Meter weit weggeweht werden.

Eine sehr formenreiche Gruppe bilden im *Polylepis*-Wald die Ericaceensträucher. Einen besonderen Artenreichtum weist der Wald an der Laguna Negra auf. Hier wachsen *Vaccinium floribundum, Gaultheria ornata, G. brachybotrys, Pernettya elliptica* (sehr viel) und die antarktisch-andine *Pernettya prostrata* (ebenfalls sehr viel). In anderen *Polylepis*-Beständen kommen *Vaccinium caracasanum, Gaultheria cordifolia, Psammia-, Maclaenia-* und *Cavendishia*-Arten vor, die letzten drei Gattungen auch in tieferen Lagen. Soweit die Ericaceen Beeren als Früchte tragen (z. B. *Vaccinium*), haben Tiere, neben Vögeln vielleicht auch kleine Säuger, an der Verbreitung der Samen Anteil. Die Samen der kapselfrüchtigen Ericaceen sind meist außerordentlich klein. Sie werden vom Wind über größere Entfernungen verweht. In der Literatur findet sich die Angabe (W e t t s t e i n), daß die Samen von *Pernettya* bereits in der Frucht zu keinem beginnen.*)

An der Festigung des Bodens haben die Ericaceen-Sträucher keinen großen Anteil. Es sind durchweg nur wenig Seitenwurzeln am Wurzelsystem beteiligt, und die Seitenwurzeln selber sind kurz. Ericaceen-Sträucher lassen sich daher auch leicht aus dem Boden ziehen. Es ist bekannt, daß bei vielen Ericaceen (ebenso wie bei der verwandten Familie der Pirolaceen) mit der Reduktion des Wurzelsystems eine Verpilzung der Wurzeln (Mykorrhiza) einhergeht. Wieweit derartige Pilzwurzeln auch für das Gedeihen der andinen Ericaceen Bedeutung haben, bleibt noch zu untersuchen.

Eine wesentlich größere Bedeutung als die Ericaceen haben die Kompositen für die Bodenkonservierung in den Páramos und in den *Polylepis*-Wäldern. Daran sind sowohl krautige wie strauchige Arten beteiligt. Von den krautigen Arten haben die Hochstauden oft ein tiefes und weitstreichendes Wurzelsystem. Viel wirkungsvoller ist die Bodenfestigung naturgemäß durch Kompositensträucher. Von den verschiedenen *Baccharis*-Arten, die hier in Frage kommen, ist die meterhohe und sehr formenreiche *Baccharis prunifolia* die häufigste und bedeutungsvollste. Ebenso wie der im Habitus ähnliche *Senecio pachypus* kommt sie oft in großen Gruppen vor, die den Boden weitgehend festigen.

Wie die meisten Kompositen erzeugen auch die *Baccharis-* und die *Senecio-* Arten zur Fruchtzeit eine Unmenge von Samen, die mit einem Haarkranz versehen sind und deshalb vom Winde weit fortgeweht werden können. Die Kompositen-Sträucher der Páramos haben eine besondere Bedeutung für die Festigung von kleinen Wasserrissen, die durch die Erosion entstehen, weil ihre Samen auch auf ganz frischen, unreifen Böden keimen und aufwachsen können, im Gegensatz zu den Ericaceen-Sträuchern, die eine gewisse Bodenreife verlangen.

Ähnlich wie die strauchigen Arten von *Baccharis* und *Senecio* verhält sich die Melastomatacee *Chaetolepis lindeniana*. Sie ist einer der häufigsten Páramo-Sträucher, und sie dringt auch überall, wo es licht ist, in den *Polylepis*-Wald ein. Wie häufig sie ist, sieht man zur Blütezeit von April bis September, wenn ihre Blüten ganze Hänge in ein leuchtendes Rot hüllen. Die Samenproduktion ist beträchtlich. Die Verbreitung der Samen geschieht nach dem gleichen Typ wie bei den *Hypericum*-Arten. Die kleinen Samenkörner werden bei windigem Wetter aus den geöffneten Samenkapseln herausgeschleudert. Neben der Vermehrung durch Samen gibt es innerhalb der bereits bestehenden Bestände eine erhebliche vegetative Ver

---

*) Für die Bestimmung von Ericaceen und einigen anderen Arten bin ich den Kollegen H. S l e u m e r - Leiden (Holland) und V. V a r e s c h i - Caracas dankbar.

71

mehrung vom Wurzelhals aus, die zu einer starken Verdichtung der Strauchgruppen führt.

Charakteristische, aber weniger häufige Sträucher des *Polylepis*-Waldes sind ferner *Berberis discolor, Cestrum parviflorum, Hesperomeles pernettioides* und *Escallonia tortuosa.* Für die Bodenfestigung sind sie schon deshalb weniger wichtig, weil sie nicht in solchen Massen auftreten wie die bisher genannten Arten. *Berberis discolor* ist außerhalb des *Polylepis*-Waldes kaum anzutreffen. Die Art verlangt reifere Böden, die sie mit einem an der Bodenoberfläche hinziehenden Wurzelsystem gut gegen Erosionseinwirkung sichert. Sie kann bis zu 3 m hohen Bäumchen heranwachsen. *Cestrum parviflorum* ist zwar häufig, aber wegen seiner Kleinheit praktisch ohne jede Bedeutung für die Bodenfestigung. *Hesperomeles pernettioides* und *Escallonia tortuosa* bilden dichte, quadratmetergroße Gebüsche, die erste von den beiden leidet stark unter Windeinfluß (Abb. 5).

Die Krautschicht im *Polylepis*-Wald hat naturgemäß nur eine geringe bodenfestigende Bedeutung. Am ehesten kommt einigen großen und tiefwurzelnden Kompositen *(Senecio-, Conyza-* und *Eupatorium-*Arten) diese Eigenschaft zu. Durch ihre Häufigkeit fällt die kleine, aber dichte Gruppen bildende Rosacee *Acaena elongata* auf.

Wo es den Espeletien der offenen Páramos *(Espeletia schultzei, E. alba)* gelungen ist, in lichte Stellen des *Polylepis*-Waldes einzudringen, da tragen auch sie zur Bodenfestigung bei.

Eine große Zahl von Pflanzen aus dem *Polylepis*-Wald ebenso wie aus den offenen, baumfreien Páramos sind pflanzengeographisch deshalb von Interesse, weil sie Verwandtschaftskreisen angehören, die auch in den gemäßigten Zonen, insbesondere in den Gebirgen, zuhause sind: *Epilobium, Gnaphalium, Bartschia, Alchemilla, Geranium, Galium* u. a.

Wie auch anderswo in den Tropen läuft das phänologische Geschehen im *Polylepis*-Wald nicht parallel mit dem jahreszeitlichen Temperaturverlauf, der ja nur geringe Schwankungen zeigt, sondern es ist viel mehr vom Wechsel zwischen Trockenzeit und Regenzeit beherrscht. Insbesondere die Entfaltung der jungen Blätter fällt meist mit dem Beginn der Regenzeit zusammen, während Eintritt und Dauer von Blüten- und Fruchtbildung wesentlich unabhängiger von der Regenperiode sind. Im ganzen ist aber der phänologische Rhythmus der verschiedenen Arten längst nicht so stabilisiert wie in gemäßigten Gebieten, und die Abweichungen in verschiedenen Jahren von einem „Normalrhythmus" sind beträchtlich.

6. Die natürliche Erneuerung der *Polylepis*-Bestände

Blüte und Frucht. *Polylepis sericea* hat traubige Blütenstände, die mit einer biegsamen Spindel kätzchenähnlich nach unten hängen. Die armblütige Blütenstandsachse ist 7—10 cm lang, zur Fruchtzeit noch etwas länger. Die Einzelblüte hat 3—5 grüne Kelchblätter, häufig von verschiedener Länge und Breite, meist dreieckig zugespitzt. Zur Fruchtzeit vergrößern sich die Kelchblätter etwas. Aus der Blüte ragen 10—15 Staubblätter mit ihren purpurroten Staubbeuteln heraus. Dem ganzen Blütenbau nach ist *Polylepis sericea* als eine windblütige Art aufzufassen, deren Pollen vom Wind auf die Nachbarblüten verbreitet wird.

Die Kelchblätter umschließen zur Fruchtzeit dicht die kleine Schließfrucht. Die drei oder vier papierdünnen Flügel des Kelches werden dann zu einem Flugorgan, das zwar nicht besonders wirksam ist, das aber doch die Früchte einige Meter weit verfrachten kann.

Blüte- und Fruchtzeit sind nicht so streng an bestimmte Monate gebunden wie das bei Holzarten der gemäßigten Zone der Fall ist. Weil die Temperaturen das ganze Jahr hindurch nahezu konstant sind, hängt der Termin der Fruchtreife wesentlich mehr von der jahreszeitlichen Verteilung der Niederschläge ab als von der Temperatur.

Im allgemeinen fällt die Blütezeit in die erste Hälfte der Regenperiode, nachdem die Blütenknospen monatelang zuvor angelegt wurden. Vereinzelte Blüten entwickeln sich schon im Februar. Im Jahr 1957 lag die Vollblüte im Gebiet der Laguna Negra (3500 m) etwa um den 1. Mai herum, in 4000 m Höhe etwa am 10. Mai und in 4200 m Höhe um den 15. Mai herum. Im Jahr 1958 wurden Mitte November am Ende der Regenzeit, die diesmal ungewöhnlich viele Niederschläge brachte, in 4200 m Höhe junge Blütenknospen gefunden (G. S c h r e u - d e r), die zum Austreiben noch mindestens vier bis fünf Monate benötigten. Die Früchte sind zwei Monate später reif und sie fallen bald ab. Anfang Mai treiben auch die neuen Blätter aus. Der Jahresabschnitt, in dem es nur wenige grüne Blätter und viel totes Laub an den Bäumen gibt, dauert von Februar bis Ende April.

Polylepis sericea ist also eine durchaus immergrüne Art im Gegensatz zu einigen anderen *Polylepis*-Arten, vor allem der *Polylepis australis*, der am meisten nach Süden gehenden Art der Gattung, deren Blätter sich im südlichen Herbst (Ende März bis Anfang April) prachtvoll goldgelb, orange oder ziegelrot verfärben ehe sie abfallen, und die ,dann bis Ende September blattlos bleibt.

K e i m u n g. Junge *Polylepis*-Keimpflanzen entwickeln sich offenbar ohne Schwierigkeit und in großer Zahl, wenigstens sind sie in den beiden Beobachtungsjahren 1957 und 1958 unter den Mutterbäumen in Menge zu finden gewesen. Beide Jahre waren klimatisch normale Jahre, und es ist deshalb anzunehmen, daß die Verjüngung auch in anderen nicht extrem trockenen oder feuchten Jahren nicht anders verläuft.

Keimpflanzen finden sich vor allem auf den humusreicheren, etwas feuchteren und schattigeren Böden unmittelbar um die Mutterbäume herum im Bereich der Kronentraufe. Sie kommen hier oft so dicht vor, daß man auf einer Fläche von einem Quadratmeter 100—150 zählen kann.

Dagegen sind Keimpflanzen in größeren Abständen von den Mutterbäumen seltener zu finden, wenn sie hier auch nicht ganz fehlen. Das hat wohl zwei Gründe, nämlich folgende:

1. Offenbar fällt die Mehrzahl der Früchte unmittelbar beim Mutterbaum zu Boden, obgleich sie ganz gut durch den Wind etwas weiter weggeweht werden können, und

2. wahrscheinlich sind die Bedingungen für die Keimung an den stärker von der Sonne bestrahlten Stellen in größerem Abstand von den alten *Polylepis*-Bäumen ungünstiger.

J u g e n d w a c h s t u m   i m   e r s t e n   J a h r. Die Samen von *Polylepis sericea* keimen epigäisch. Die junge Pflanze entwickelt in 2—3 Monaten eine 5 cm lange, zunächst noch schwach verzweigte Wurzel mit nur wenigen Wurzelhaaren. Bis zu dieser Zeit können die jungen Pflanzen den Boden natürlich kaum festigen, auch da nicht, wo sie dicht stehen. Sie lassen sich noch leicht aus dem Boden ziehen.

Die Keimblätter sind entsprechend der Kleinheit der Samen sehr klein. Sie sind 3—4 mm lang und ebenso breit, unregelmäßig rundlich und bleiben so lange erhalten, bis sich etwa das dritte Laubblatt entwickelt hat. Das erste Primärblatt ist eiförmig, gezähnt und schwach behaart, die folgenden sind dreiteilig (Abb. 9,1 und 9,2).

Etwa im zehnten Monat hat die junge Pflanze eine Höhe von 8—10 cm erreicht (Abb. 9,3). Sie hat inzwischen die ersten normal entwickelten Laubblätter gebildet. Das Wurzelsystem hat sich erheblich gekräftigt. Es erstreckt sich bis 15 cm in horizontaler Richtung und beginnt jetzt, den Boden oberflächlich stark zu festigen. In den folgenden Monaten entwickelt sich das Wurzelsystem auch stark in die Tiefe. An einem Erosionsriß war zu sehen, daß es sich bei alten Bäumen bis 1½ m tief in den Boden erstreckt. Im zweiten bis dritten Jahr sind bereits recht kräftige junge Pflanzen von 20 cm Höhe herangewachsen (Abb. 10).

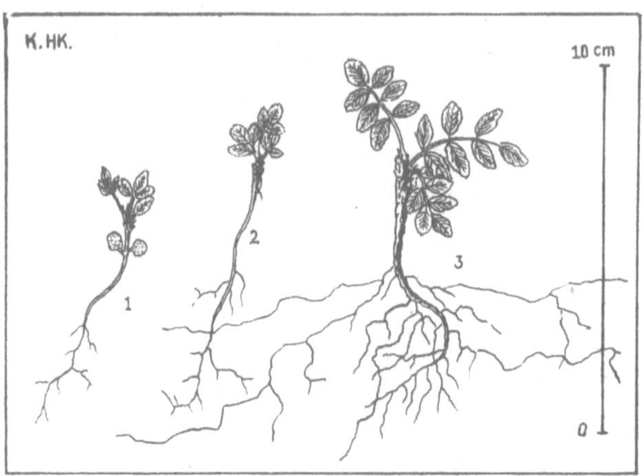

Abb. 9. Keimpflanzen von *Polylepis sericea*, Laguna Negra, Mérida.

Das „*Cedrela*-Rätsel" und *Polylepis*. In einer kürzlich erschienenen Arbeit über waldbauliche Probleme im tropischen Regenwald mit Ausblicken auf andere Waldtypen in den Tropen spricht Lamprecht von einem „*Cedrela*-Rätsel". Das Problem besteht darin, daß es bisher nicht gelungen ist, diese wertvolle Holzart mit waldbaulichen Methoden zu verjüngen. Lamprecht weist gleichzeitig darauf hin, daß *Cedrela* ebenso wie andere Lichtholzarten im natürlichen, unbeeinflußten Bestand zwar im Starkholz vorhanden ist, daß sie aber im Stangenholz fast fehlt und auch im Jungwuchs nur selten angetroffen wird. Diese Situation ergibt sich, obgleich es Keimpflanzen in großer Menge zu sehen gibt.

Was von Lamprecht von einer Baumart des Regenwaldes oder des Feuchtwaldes gesagt ist, gilt auch für *Polylepis sericea* in den Hochlagen der Anden. Auch im alten *Polylepis*-Wald können wir beobachten:

1. Es gibt eine Fülle von Keimpflanzen und Jungpflanzen bis zum Alter von etwa 2 Jahren,

2. es ist schwierig, ältere Pflanzen zu finden, deren Alter auf etwa 3—10 Jahre geschätzt werden kann (Abb. 10). Das „Stangenholzalter" ist im *Polylepis*-Wald nur schwach entwickelt.

74

Dennoch ist, wie deutlich zu sehen ist, die Erhaltung der vorhandenen Bestände völlig gesichert. Wir können sogar beobachten, wie *Polylepis* auf Freiland vorzudringen versucht, soweit das schon ehemals mit Wald bedeckt gewesen ist. Beispiele dafür finden sich in dem Moränengelände unterhalb der Laguna Negra und an der Drahtseilbahn in geeigneter Höhe.

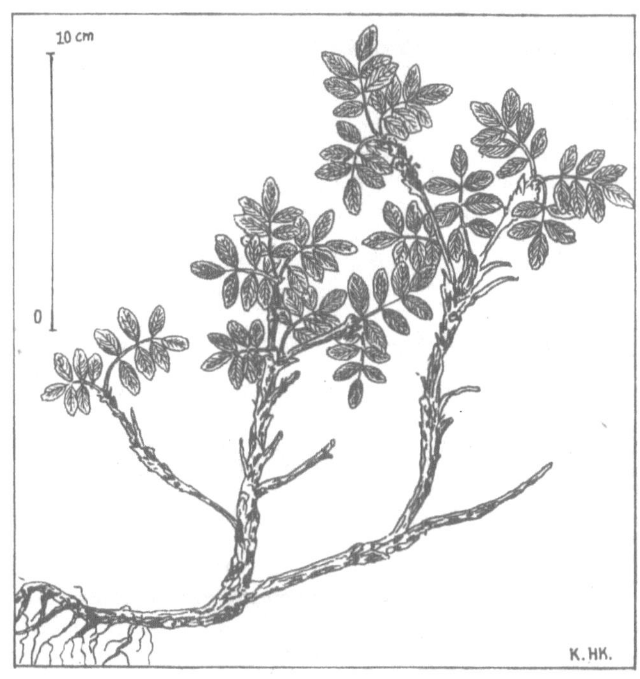

Abb. 10 Zwei- bis dreijährige Jungpflanze von *Polylepis sericea*, Laguna Negra, Mérida.

7. Zusammenfassung

Der *Polylepis*-Wald tritt oberhalb der Linie des geschlossenen Waldes in den Anden von Mérida meist in der Form kleiner Inseln auf. Seine höchsten Vorkommen liegen bei etwa 4200 m.

Bei einer späteren eingehenden pflanzensoziologischen Untersuchung nach europäischem Muster wird sich herausstellen, daß der *Polylepis*-Wald der höheren Anden kaum irgendwelchen soziologischen Kontakt mit den Wäldern der tieferen Lagen besitzt. Um so mehr Beziehungen besitzt er zu den baumlosen Gesellschaften der Páramos.

Die wirtschaftliche Bedeutung des *Polylepis*-Waldes liegt auf dem Gebiet des Bodenschutzes. Sowohl *Polylepis* selber wie die Mehrzahl der übrigen holzigen Arten dieses Waldes festigen durch ihr Wurzelsystem den Boden weitgehend.

Die Nutzung des *Polylepis*-Holzes als Brennstoff sollte daher ganz eingestellt werden. Ebenso sollte, um den Wald zu schonen, kein Weidevieh eingetrieben werden. Nach Möglichkeit sollten die noch vorhandenen *Polylepis*-Wälder ganz unter Schutz gestellt werden, soweit das nicht schon geschehen ist.

Die natürliche Verjüngung des Waldes reicht vollkommen für seine Erhaltung aus, trotz des auffallenden Fehlens bestimmter junger Altersklassen.

8. Schriftenverzeichnis

A r i s t i g u i e t a, L.: Clave y descripción de la familia de los árboles de Venezuela. Caracas, Instituto Botánico, 1954.

B i t t e r, G.: Revision der Gattung *Polylepis*. Engl. Bot. Jahrb. 45, Leipzig 1911.

C a b r e r a A n g e l L.: La vegetación de la Puna Argentina. Revista de investigaciones agrícolas, XI, 4, Buenos Aires 1958.

D i e l s, L.: Die Páramos der äquatorialen Hoch-Anden. Preuß. Akademie der Wissensch., Berlin 1934.

D i e l s, L.: Beiträge zur Kenntnis der Vegetation und Flora von Ecuador, Stuttgart 1937.

E n g l e r - G i l g: Syllabus der Pflanzenfamilien, Berlin 1933.

G o e b e l, K.: Pflanzenbiologische Studien II, Marburg 1891.

G o n z á l e z, E.: Datos detallados de Climatología de Venezuela, Caracas 1948.

H e r z o g, T h.: Die Pflanzenwelt der bolivianischen Anden, Leipzig 1923.

H u e c k, K u r t: Urlandschaft, Raublandschaft und Kulturlandschaft in der Provinz Tucumán im nordwestlichen Argentinien. Geograph. Inst., Bonn 1953.

H u e c k, K u r t: Waldbäume und Waldtypen aus dem nordwestlichen Argentinien, Berlin-Grunewald 1953.

H u e c k, K u r t: Los Bosques de *Polylepis sericea* en los Andes Venezolanos. Instituto Forestal Latino Americano, Mérida-Venezuela, Boletín 6, 1960.

H u e c k, K u r t: Mapa de la Vegetación, in Atlas Agricola de Venezuela. Ministerio de Agricultura y Cria, Caracas 1960.

I v a n o f f B u i k l i s k i, V l a d i m i r: Efectos de la altitud sobre el organismo humano en los Andes Venezolanos, „Mal de Páramo". Publicaciones de la Dir. de Cultura, Mérida 1951.

L a m p r e c h t, H.: Der Gebirgs-Nebelwald der venezolanischen Anden. Schweiz. Zeitschr. f. Forstwesen, Zürich 1958.

M e y e r, H.: In den Hochanden von Ecuador, Berlin 1907.

R e c o r d, J. S. and R. W. H e s s: Timbers of the New World, 4. Edition, New Haven 1949.

R i m b a c h: The forests of Ecuador. Tropical Woods 31, New Haven 1932.

R i t t e r, C.: Ein Blick auf die Vegetation der Cordilleren in Venezuela. Monatsbl. Ges. f. Erdkunde, Berlin 1851.

S c h i m p e r - v. F a b e r: Pflanzengeographie auf physiologischer Grundlage, 3. Ausg., Jena 1935.

S t u e b e l, A.: Erläuterungen zu den Charakterpflanzen der Vulkanberge von Ecuador, Leipzig o. J.

V a r e s c h i, V.: Pflanzengeographische Grundlagen des Expeditionsgebiets. Deutsche Venezuela-Expedition, Berlin 1952.

V a r e s c h i, V.: Algunos aspectos de la ecología vegetal de la zona más alta de la Sierra Nevada de Mérida. Rev. Fac. Cienc. Forest., Mérida 1956.

V e i l l o n, J. P.: Mapa forestal de los Andes, Mérida 1955 (sin publicar).

V e i l l o n, J. P.: Bosques andinos de Venezuela, Mérida 1955.

V i n c i, A l f o n s o: Los Andes de Venezuela. Mérida 1953.

W e b e r b a u e r, A.: El Mundo Vegetal de los Andes Peruanos, Lima 1945.

W e t t s t e i n, R.: Tratado de Botánica Sistemática, Río de Janeiro 1944.

Anschrift des Verfassers:

Ordentl. Professor Dr. Kurt Hueck, Institut für Waldbau, Universität Münden, Amalienstraße 52.